普通高等教育农业农村部"十四五"规划教材（审定编号：NY-1-0171）

浙江省"十四五"普通高等教育本科规划教材

高等院校数字化融媒体特色教材

动物科学类创新人才培养系列教材

U0603554

动物分子生物学
实验指导

（第二版）

Experimental Guidance for Animal Molecular Biology

Second Edition

主编

吴小锋　罗丽健

ZHEJIANG UNIVERSITY PRESS

浙江大学出版社

·杭州·

图书在版编目（CIP）数据

动物分子生物学实验指导 / 吴小锋，罗丽健主编.
2 版. -- 杭州：浙江大学出版社，2024. 8. -- ISBN
978-7-308-25327-7

Ⅰ. Q95-33

中国国家版本馆 CIP 数据核字第 2024PT3013 号

动物分子生物学实验指导(第二版)

吴小锋　　罗丽健　　主编

丛书策划	阮海潮(ruanhc@zju.edu.cn)
责任编辑	阮海潮
责任校对	王元新
封面设计	续设计
出版发行	浙江大学出版社
	（杭州市天目山路 148 号　邮政编码 310007）
	（网址：http://www.zjupress.com）
排　　版	杭州青翔图文设计有限公司
印　　刷	浙江新华印刷技术有限公司
开　　本	787mm×1092mm　1/16
印　　张	8.5
字　　数	181 千
版 印 次	2024 年 8 月第 2 版　2024 年 8 月第 1 次印刷
书　　号	ISBN 978-7-308-25327-7
定　　价	35.00 元

编 委 会

高等院校数字化融媒体特色教材
动物科学类创新人才培养系列教材
出版说明

调动学生学习的主动性、积极性、创造性,重视学生能力的培养是当今教学改革的主旋律。教材是实施教学的依据和手段,其不仅要传授最基本、最核心的理论知识,更重要的是应努力教给学生如何提高各种学习能力,包括自学能力(查阅文献资料能力)、科学思维能力(分析、综合、想象和创造能力)、动手能力(实验设计和基本操作能力)和表达能力(语言、文字、图表及整理统计能力)等。

为适应教学改革和学科发展的需要,"动物科学类创新人才培养系列教材"编委会组织了一批学术水平高、实践经验丰富的专业教师,经过几年的教学实践和专题研究,编写了这套教材。

本系列教材紧跟动物科学、动物医学研究进展,围绕应用型专业培养目标,体现三基(基本方法、基本操作、基本技能)、五性(创新性、科学性、先进性、启发性、实用性)原则。编写时以整合创新、注重能力培养为导向,有所侧重、有所取舍地介绍各门课程的最新发展成果。实验教材,结合科研实际详细叙述了有关实训项目的基本原理、操作方法、注意事项及思考题,高标准、严要求,为开展进展性、启发性教学服务,以培养学生的创新和探究能力。理论教材,以基本理论为基础,以问题为主线,力求将最新科研成果(如动物基因工程、胚胎移植、动物营养调控等)、教学经验融入其中,通过对问题的思索和讨论,启发学生的思维,激发学生的学习兴趣,加深学生对基本原理与知识点的理解,以拓展其视野,提高科研创新与实际应用的能力。注重建立以学生为主体、教师为主导的新型教学关系,促进学生从记忆型、模仿型学习向思考型、创新型、探究型学习转变,为终身学习打下坚实的基础。

知识点呈现深入浅出,表达形式活泼。利用"互联网＋"教育技术建设"立方书"教学平台,以嵌入二维码的纸质教材为载体,将教材、课堂、教学资源三者融合,实现线上线下结合的教学模式,读者只要用手机扫一扫"二维码",就可以随时随地学习和查阅,做到边学习、边操作,获得形象生动、易学易懂的直观感受。

首批 14 种教材,包括《动物遗传学(英文版)》《动物病理学(双语)》《蚕丝纤维与蚕丝蛋白生物材料》《茧丝加工学》《生物材料学》《水产动物养殖学》《动物分子生物学实验指导(第二版)》《畜产品加工实验指导》《动物解剖学实验指导》《兽医寄生虫学实验指导》《动物营养学实验指导》《家畜组织学与胚胎学实验指导》《兽医药理学实验指导》和《消化道微生物学实验指导》。

本套教材适合作为动物科学、动物医学、食品科学与工程、动物养殖、水产养殖、动物检验检疫、食品加工和贸易等专业的教材,也可作为科研人员实验指导书以及从业人员的继续教育教材。

在教材陆续出版之际,感谢为本套教材编写和出版付出辛勤劳动的教师和出版社的工作人员,并恳请读者和教材使用单位多提批评意见和建议,以便今后进一步修订完善。

《动物科学类创新人才培养系列教材》编委会

第二版前言

本教材为浙江大学动物科学学院本科生(动物科学、动物医学方向)必修课程"动物分子生物学"编著的实验指导书,自2016年出版以来,经过七届本科生的使用,反响良好。随着近年分子生物学新理论和新技术的不断发展,涉及动物科学的相关知识和实验技能也在不断与时俱进,如干细胞诱导、基因编辑技术等。因此,有必要对原教材内容进行更新和补充,幸运的是本教材入选首批农业农村部"十四五"规划教材,借此契机,决定修订。

动物分子生物学实验课程的设立目的在于培养动物科学专业的学生掌握分子生物学相关的基本实验技术和技能,通过实验设计和实践,培养学生的实际动手操作能力以及发现、分析和解决问题的能力。本指导书保留了首版中原有的实验内容,在修订版教材中新增了五个实验内容,即实验十二"动物细胞间接免疫荧光实验"、实验十三"实时荧光定量PCR(qPCR)"、实验十四"动物基因编辑CRISPR-Cas9技术"、实验十五"动物原代干细胞的分离、培养和诱导分化"和实验十六"诱导多能干细胞(iPScells)的制作",分别由王华兵教授(实验十二)、罗丽健副教授(实验十三、十四)和岳万福副教授(实验十五、十六)负责编写。另外,参与修订编写的还有西北农林科技大学焦锋教授和山东农业大学胡志勇副教授。

敬请同行和读者对本书不妥之处提出宝贵意见,非常感谢!

第一版前言

动物分子生物学实验课程的设立目的在于培养学生掌握与分子生物学相关的基本实验技术和技能,通过实验设计和操作,培养学生的实际动手操作能力以及发现、分析和解决问题的能力。

本指导书主要内容包括实验前基本训练、动物组织 DNA 和 RNA 的提取与定性定量分析、PCR 基因克隆技术、体外重组 DNA 技术、基因片段的纯化、体外连接、细菌转化、转化子的筛选、限制性内切酶分析以及重组蛋白质的表达和分析技术等。另外,实验内容还增加了胚胎原位杂交、用于基因表达分析的 Southern 印迹杂交技术和 Northern 印迹杂交技术以及蛋白质 Western 印迹杂交技术等。

本书可作为本科生(动物科学、动物医学方向)必修课程动物分子生物学的实验指导用书,也可供从事动物分子生物学的教学、科研人员参考。

由于时间仓促,水平有限,本书难免有不妥之处,敬请读者提出宝贵意见。

目　　录

实验前基本训练

一、实验室守则及基本要求

1. 穿着整洁,进入实验室必须穿专用实验服。

2. 实验室内严禁吃零食,不高声谈话及随便走动。

3. 实验前必须认真预习,熟悉实验内容,了解实验过程中需使用的仪器的性能,了解相应的操作技术。实验中应严格按操作规程进行,认真操作,仔细观察,及时记录实验现象及结果。实验结束后,认真分析和总结实验结果,认真做好每一次的实验报告。

4. 实验器具应保持清洁,任何使用过的器具及玻璃器皿必须洗净后放回原处。使用贵重精密仪器时,应严格遵守操作规程。发现故障立即报告指导教师,不得擅自拆检。

5. 实验台面应随时保持整洁,仪器、药品摆放整齐。公用试剂用完后,应立即盖好放回原处。

6. 值日生制度:每次实验安排 3～4 人值日。其职责是负责实验器具的整理,做好操作台、水槽、地板等实验室卫生工作和一切服务性工作,并注意实验室水、电、门、窗等方面的安全工作。

二、注意事项

1. 实验前应做好试剂的配制、用品灭菌等准备工作。配制分子生物学实验各种试剂,必须使用重蒸水(ddH_2O)。

2. 使用后的器皿必须认真清洗干净,洗完后还要用重蒸水冲洗 3 次。

3. 凡是可以进行灭菌的试剂与用具都必须经过高压蒸汽灭菌后使用,防止其他杂质或酶对 DNA、RNA 或蛋白质的降解。

4. 凡是操作所用的一切塑料器具(Eppendorf 管、吸嘴等),在使用前都应装入盒子和瓶子中灭菌,且装盒或装瓶过程中都应采用镊子,或戴上一次性手套进行操作,不能直接用手去拿,严防手上杂酶的污染。

三、微量移液枪基本操作要领

　　微量移液枪是分子生物学实验的必备工具,务必熟练操作。微量移液枪是连续可调的、计量和转移液体的专用仪器。其装有直接读数容量计,读数由三位拨号数字组成,在移液枪容量范围内能连续调节,从上(最大数)到下(最小数)读取(图 0-1)。微量移液枪的型号就是其最大容量值。按钮向下压以及放的动作、速度要缓慢平稳。

图 0-1　微量移液枪

微量移液枪基本操作要领如下:

　　1.将微量移液枪按钮轻轻压至第一停点。

　　2.垂直握持微量移液枪,使吸嘴浸入液面下几毫米。注意:千万不要将吸嘴直接插到液体底部。

　　3.缓慢、平稳地松开控制按钮,吸上样液;否则液体进入吸嘴太快,导致液体倒吸入移液枪内部,或吸入体积减小。

　　4.等一秒钟后将吸嘴提离液面。

　　5.平稳地把按钮压到第一停点,再把按钮压至第二停点以排出剩余液体。

　　6.提起微量移液枪,使吸嘴在容器壁擦过。

　　7.然后按吸嘴弹射器除去吸嘴。

注意事项:

　　1.未装吸嘴(Tip 头)的微量移液枪绝对不可用来吸取任何液体。

2. 一定要在允许范围内设定容量，千万不要将读数的调节超出其适用的刻度范围，否则会造成损坏。

3. 不要横放吸嘴带有残余液体的移液枪。

4. 不要用大量程的移液枪移取小体积样品。

四、离心机的使用

特别注意离心机使用中的平衡问题。应注意保持离心管放置位置的对称以及离心管中样品的平衡(图 0-2)，并要拧紧盖好离心机内部的盖子，否则会损坏仪器。此外，应注意离心管在离心机内的放置方向。对于冷冻离心机，应注意及时将盖子盖上。

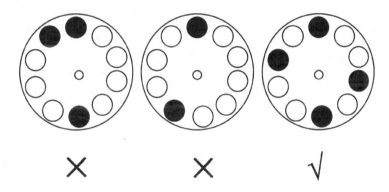

图 0-2　离心管放置位置的对称以及离心管中样品的平衡

五、分子生物学实验需要特别注意的事项

1. DNA 染色剂[溴化乙锭(EB)染色剂]是剧毒有害物质。进行 DNA 染色时应戴上乳胶手套，避免用手直接接触。经过 EB 染色的琼脂糖凝胶不能随便丢弃，应放置在指定的垃圾回收箱中。

2. DNA 需要在紫外线下才能观察，应戴特制的眼镜或隔开玻璃观察，避免紫外线灼伤皮肤。

3. 涉及 DNA 重组(如将目的基因克隆入质粒载体等)的实验，所有实验样品不能随便丢弃。学生带回观察的培养皿(如实验四，转化后蓝白斑观察)应及时交回，并放置在特定的垃圾箱内，经过高压灭菌才能作为垃圾丢弃。

六、熟悉用于分子生物学实验的常规仪器

用于分子生物学实验的常规仪器如图 0-3 至图 0-7 所示。

图 0-3　移液枪、金属恒温浴

图 0-4　台式离心机

图 0-5　PCR 仪

图 0-6　电泳仪

图 0-7　凝胶成像仪

七、动物分子生物学实验的其他要求

1. 每次实验务必参加,缺席者扣减相应实验成绩。

2. 每位同学都必须亲自动手做实验,全程参与,不能委托他人或中途从其他同学那里取得样品。

3. 实验报告务必手写,不能打印。"实验结果分析""实验心得体会"是重点,每次实验报告必须附上结果图片。

4. 实验报告左上角注明"选课序号"(方便教师快速查到学生名单、记录成绩)。待完成全部实验后装订成册、上交。

实验一　动物细胞基因组 DNA 的分离、定量和限制性内切酶消化

实验前特别注意事项:酚、EB(溴化乙锭)等对人体有毒。在操作有毒试剂时必须戴上 PE 手套,小心操作,防止其进入人体。

一、实验目的

通过本实验的学习,需要掌握:
(1)动物基因组提取的原理和方法;
(2)DNA 的琼脂糖凝胶电泳技术;
(3)DNA 检测技术(定量、定性);
(4)DNA 酶解(消化)技术。

二、实验原理

真核生物的一切有核细胞(包括培养细胞)都能用来制备基因组 DNA。真核生物的 DNA 是以染色体的形式存在于细胞核内的,如图 1-1 所示。因此,制备 DNA 的原则是既要将 DNA 与蛋白质、脂类和糖类等分离,又要保持 DNA 分子的完整性。提取 DNA 的一般过程是,将分散好的组织细胞在含十二烷基硫酸钠(SDS)和蛋白酶 K 的溶液中消化分解蛋白质,再用酚-氯仿-异戊醇抽提,分离、去除蛋白质,经乙醇沉淀使 DNA 从溶液中析出。

蛋白酶 K 的重要特性是能在 SDS 和乙二胺四乙酸二钠(EDTA-Na$_2$)存在下保持很高的活性。在匀浆后提取 DNA 的反应体系中,SDS 可破坏细胞膜、核膜,并使组织蛋白与 DNA 分离,EDTA 则抑制细胞中 DNase 的活性;而蛋白酶 K 可将蛋白质降解成小肽或氨基酸,使 DNA 分子完整地分离出来。

制备基因组 DNA 是研究基因结构和功能的重要步骤,如大相对分子质量 DNA 可用于构建基因文库或基因组 Southern 分析,通常要求片段的相对分子质量达到 100～200 kb。有效制备大分子 DNA 的方法都要考虑两个原则:①防止和抑制内源 DNase 对

图 1-1　真核生物细胞示意图,DNA 位于细胞核内

DNA 的降解;②尽量减少对溶液中 DNA 的机械剪切破坏。要实现原则①,只需加入一定浓度的螯合剂,如 EDTA,因为几乎所有的 DNase 都需要 Mg^{2+} 或 Mn^{2+} 为辅助因子。要实现原则②,则应在操作过程中尽量减弱溶液的涡旋,动作要轻柔,进行 DNA 溶液转移时使用大口吸管。

　　DNA 提取方法很多,本实验采用酚抽提法。其基本原理是超低温下粉碎组织和细胞,通过蛋白酶 K 和 SDS 消化,破碎细胞,再用酚-氯仿去除蛋白质。

三、实验器材

恒温水浴锅　　　台式离心机　　　紫外分光光度计　　　移液枪
玻璃匀浆器　　　离心管(灭菌)　　吸头(灭菌)

四、实验试剂

1.细胞裂解缓冲液:
　　100 mmol/L Tris (pH 8.0)
　　500 mmol/L EDTA (pH 8.0)
　　20 mmol/L NaCl
　　10% SDS
　　20 μg/ml 胰 RNA 酶
2.蛋白酶 K:称取 20 mg 蛋白酶 K 溶于 1 ml 灭菌的双蒸水中,−20 ℃储藏备用。

3. 酚-氯仿-异戊醇(25∶24∶1)。

4. 异丙醇、冷无水乙醇、70%乙醇、灭菌水。

5. TE 缓冲液(pH 8.0)配制方法如下(250 ml):

成分	称取质量	终浓度
Tris(M_r=121.1)	0.30275 g	10 mmol/L
EDTA-Na$_2$ · H$_2$O(M_r=372.24)	0.093 g	1 mmol/L

用盐酸溶液调整 pH 值至 8.0,高压灭菌,室温储存。

6. 7.5 mol/L 乙酸铵溶液。

五、实验操作步骤

1. 取新鲜动物组织块 0.1 g(本次实验采用新鲜猪肝,由助教统一剪取、称量,放置称量纸上),放入 1.5 ml Eppendorf 管中,尽量剪碎,加入 50 μl 细胞裂解缓冲液,用匀浆棒匀浆至不见组织块,再加入 0.45 ml 细胞裂解缓冲液,混匀。(本步骤至为关键)

2. 样品管中加入蛋白酶 K(500 μg/ml)20 μl,混匀。在 65 ℃ 恒温水浴锅中水浴 30 min,于台式离心机中以 12000 r/min 离心 5 min。取上清液(大家统一用量为 400 μl),加入另一离心管中。

3. 加 2 倍体积异丙醇(800 μl),倒转混匀后,可以看见丝状物,用 100 μl 吸头挑出,晾干。也可离心沉淀下来,用 300 μl TE 缓冲液重新溶解。

4. 加等量的酚-氯仿-异戊醇(300 μl)振荡混匀,12000 r/min 离心 5 min。

5. 取上层溶液至另一管(图 1-2,注意不要吸取中间层),加入等体积的酚-氯仿-异戊醇(300 μl),振荡混匀,12000 r/min 离心 5 min。

6. 取上层溶液至另一管,加入 1/2 体积的 7.5 mol/L 乙酸铵(100 μl),加入 2 倍体积的无水乙醇(600 μl),混匀后室温沉淀 2 min(学生可用手机拍照),12000 r/min 离心 5 min。

7. 小心倒掉上清液,将离心管倒置于吸水纸上,将附于管壁的残余液滴除掉。

8. 用 1 ml 70%乙醇洗涤沉淀物 1 次,12000 r/min 离心 2 min。

9. 小心倒掉上清液,将离心管倒置于吸水纸上,将附于管壁的残余液滴除掉,室温干燥。

10. 加 50～200 μl(大家统一用量为 60 μl)TE 缓冲液重新溶解沉淀物,然后置于 4 ℃ 或 −20 ℃ 保存备用。

11. 吸取适量样品,于紫外分光光度计上检测浓度和纯度。

12. 基因组限制性内切酶部分消化,酶切反应体系如表 1-1 所示。

图 1-2　吸取 DNA 溶液的正确方法(B),不能竖直吸取 DNA 溶液,否则很容易吸到变性蛋白层(A)

表 1-1　酶切反应体系

成　分	用　量
Buffer($10\times$)	2.0 μl
$EcoR$ I (10 U/μl)	1.0 μl
$Hind$ Ⅲ (10 U/μl)	1.0 μl
基因组	10.0 μl
H_2O	6.0 μl
总计	20.0 μl

上述反应液稍离心混匀,37 ℃酶切过夜(本次实验需 2 h)。之后凝胶电泳,紫外灯下观察消化情况。

水浴最好采用公司赠送的泡沫板,这样样品中反应体系的温度更接近水浴的温度,且温度更均匀。

13.电泳检测:

DNA 电泳 1×TAE 缓冲液的配制方法如表 1-2 所示。(先配制 50×高浓度保存液)

表 1-2　50×保存液(50×Stock Solution)

成　分	用　量
Tris	121 g
醋酸	37 ml
EDTA	18.6 g
H_2O	1.0 L

使用时 50 倍稀释。

制胶、点样、电泳流程部分照片如图 1-3、图 1-4 所示。实验具体操作流程如下：

（1）取 1 g 琼脂糖倒入锥形玻璃瓶中，加入 100 ml 1×TAE 电泳缓冲液，摇匀，在微波炉中加热至琼脂糖完全溶解，制成 1‰ 琼脂糖凝胶。

（2）加 1 μl EB 溶液，混匀，将溶解的琼脂糖（约 50 ℃）倒入制胶盒中，如图 1-3 所示，插入梳子，室温冷却凝固。

图 1-3　凝胶置入电泳槽

图 1-4　点样、电泳

（3）充分凝固后小心地竖直向上拔出梳子，将凝胶置入电泳槽中，加 1×TAE 电泳缓冲液至液面覆盖凝胶 1～2 mm。

（4）用移液枪吸取 2 μl 6×电泳上样缓冲液（loading buffer）于封口膜上，分别加入 10 μl DNA 样品和消化后的样品，混匀后，小心加入点样孔（图 1-5）。（点样时注意枪头不要把胶的底部戳穿，否则样品泄漏）

（5）打开电源开关，调节电压至 3～5 V/cm，可见到溴酚蓝条带由负极向正极移动，电泳约 30～40 min（图 1-5）。

（6）将凝胶置于紫外透射检测仪上，盖上防护观察罩，打开紫外灯，可见到发出荧光的 DNA 条带。

图 1-5　制胶、上样、电泳及电泳结束胶示意

六、注意事项

1. 选择的实验材料要新鲜,处理时间不宜过长。

2. 在加入细胞裂解缓冲液前,细胞必须均匀分散,以减少 DNA 团块形成。(经验:取 0.1 g 组织足够)

3. 在微波炉中加热使琼脂糖颗粒完全溶解,冷却至 45~50 ℃时倒入制胶盒中。

4. 凝胶凝固后,小心拔去梳子,注意不能破坏加样孔。

5. 将凝胶放入电泳槽中,加样孔一侧在负极,使核酸样品向正极泳动。

6. 电泳完成后切断电源,取出凝胶,放入 0.5 μg/ml 溴化乙锭(EB)溶液中染色 10~15 min(也可事先将 EB 加入胶板),用清水漂洗后置于紫外透射仪上观察电泳结果,并照相记录。

注意:胶不能在紫外灯下照射过久,否则会融化变形,建议及时拍照;肉眼直接在紫外灯下观察,有损眼睛。

七、实验结果与处理

1. 记录实验过程中所观察到的实验现象(图 1-6)。

2. 照片记录琼脂糖电泳结果,并分析自己所提取的基因组 DNA 的质和量。

DNA 含量测定和计算方法如下:

在 260 nm 和 280 nm 波长下测定 DNA 溶液光吸收值,计算 OD_{260}/OD_{280} 比值(可取 4 μl DNA 样品加入 400 μl TE 溶液,充分混匀,以 TE 溶液为对照),此值应>1.8,如果 <1.8,那么说明含较多蛋白质,需加少量蛋白酶 K 保温后,再用酚-氯仿-异戊醇抽提。(若采用微量分光光度计,测量时切勿混入气泡)

由于 1 OD_{260} DNA 为 50 μg/ml,所以 DNA(μg/ml)＝OD_{260}×50×稀释倍数。

图 1-6　实验结果示意

八、常见问题分析

1.若提取的 DNA 不易溶解,则说明不纯,含杂质较多;若加溶解液太少将使浓度过大。若沉淀物太干燥,也将使溶解变得很困难。

2.电泳检测时 DNA 成涂布状:操作不慎;污染核酸酶等。

3.若分光光度分析得 DNA 的 A_{260}/A_{280} 小于 1.8,则说明 DNA 不纯,含有蛋白质等杂质。在这种情况下,应加入 SDS 至终浓度为 0.5%,并重复步骤 2~8。

4.用酚-氯仿-异戊醇抽提后,其上清液太黏不易吸取:含高浓度的 DNA,可加大抽提前缓冲液的量或减少所取组织的量。

实验二　动物组织总 RNA 抽提与定量

一、实验目的

1. 学习总 RNA 分离的原理。
2. 掌握用 Trizol 法提取总 RNA 的方法。

二、实验原理

Trizol 是一种新型总 RNA 抽提试剂,能够直接从细胞或组织中提取总 RNA。Trizol 内含异硫氰酸胍等物质,能迅速破碎细胞,抑制细胞释放出的核酸酶。Trizol 的主要成分是酚,主要作用是裂解细胞,使细胞中的核酸物质解聚而得到释放。酚虽可有效地变性蛋白质,但是它不能完全抑制 RNA 酶活性,因此 Trizol 中还加入了 8-羟基喹啉、异硫氰酸胍、β-巯基乙醇等来抑制内源和外源 RNase。

Trizol 在破碎和溶解细胞时能保持 RNA 的完整性。加入氯仿离心后,样品分成水样层和有机层。RNA 存在于水样层中。收集上面的水样层后,RNA 可以通过异丙醇沉淀来获得。在除去水样层后,样品中的 DNA 和蛋白质也能相继以沉淀的方式获得。乙醇沉淀能析出中间层的 DNA,在有机层中加入异丙醇能沉淀出蛋白质。

下面简介与 RNA 相关的基础知识。

哺乳动物细胞 RNA 组成见表 2-1。

表 2-1　哺乳动物细胞 RNA 组成

在大肠杆菌中,rRNA 量占细胞总 RNA 量的 $75\%\sim85\%$,而 tRNA 占 15%,mRNA 仅占 $3\%\sim5\%$。

真核生物有 4 种 rRNA,分别是 5S、5.8S、18S 和 28S,分别具有大约 120、160、1900 和 4700 个核苷酸。电泳时,常见 5.8S、18S 和 28S 三条带,而 5S 易分解(图 2-1)。

提取的总 RNA(以哺乳动物细胞总 RNA 为例),在普通琼脂糖凝胶上电泳,可清晰显示 4 个条带,分别为 hnRNA 和 mRNA 条带(相对分子质量约相当于 $7\sim15$ kb 的线性 DNA)、28S rRNA(相对分子质量约相当于 5 kb 的线性 DNA)、18S rRNA(相对分子质量约相当于 2 kb 的线性 DNA)、5S rRNA 和 tRNA(相对分子质量约相当于 $0.1\sim0.3$ kb 的线性 DNA)。

电泳原理:RNA 电泳可以在变性及非变性两种条件下进行。非变性电泳使用 $1.0\%\sim1.4\%$ 的凝胶,不同的 RNA 条带也能分开,但无法判断其相对分子质量。只有在完全变性的条件下,RNA 的泳动率才与相对分子质量的对数呈线性关系。因此,要测定 RNA 的相对分子质量时,一定要用变性凝胶。在需快速检测所提总 RNA 样品的完整性时,配制普通的 1% 琼脂糖凝胶即可。

图 2-1　RNA 组成成分

三、实验器材

水平电泳装置　　　电泳仪　　　微波炉　　　紫外透射仪

微量移液枪	一次性手套	离心管	离心管架
Tip 头	高压灭菌锅	恒温摇床	台式冷冻高速离心机
研钵	液氨罐	医用剪刀	吸水纸
分光光度计等			

四、实验试剂

Trizol	DEPC(焦碳酸二乙酯)	氯仿	异丙醇
无水乙醇	75％乙醇	TE 缓冲液	TBE 电泳缓冲液(5×)
EB	上样缓冲液	琼脂糖等	

MOPS 电泳缓冲液[3-(N-吗啉基)丙磺酸]

五、实验操作步骤

1.组织匀浆化:称取动物肝脏 50~100 mg(由助教统一剪取、称量 0.1 g,放置称量纸上),先用医用剪刀将其剪碎,转移至 Eppendorf 管,管中加入 100 μl Trizol,用简易 Eppendorf 管匀浆器尽量捣碎组织样品。随后再加入 900 μl Trizol,充分混匀。(每50~100 mg 组织加1 ml Trizol。匀浆化时组织样品体积不能超过 Trizol 体积的 10％)

2.分离阶段:将匀浆样品在 15~30 ℃条件下孵育 5 min,以使核蛋白体完全分解。每 1 ml Trizol 加 0.2 ml 氯仿。盖紧样品管盖,用手用力剧烈摇晃试管 15 s 并将其在 30 ℃下孵育 2~3 min。在 4 ℃以不超过 12000 r/min 的离心力高速冷冻离心 10~15 min。离心后混合物分成三层:下层红色的苯酚-氯仿层,中间层,上层无色的水样层。RNA 无一例外地存在于水样层中。水样层的体量大约为所加 Trizol 体量的 60％。

3.RNA 的沉淀:将水样层转移到新管中,如果希望分离 DNA 和蛋白质,有机层要予以保留。通过将水样层和异丙醇混合来沉淀 RNA。最初 1 ml Trizol 对应 0.5 ml 异丙醇的加入量。将混合的样品在 15~30 ℃条件下孵育 10 min,并在 4 ℃用 12000 r/min 的离心力高速冷冻离心 10 min。RNA 沉淀在离心前通常不可见,离心后形成一胶状、片状沉淀,附着于试管壁和管底。

4.RNA 的洗脱:移去上层悬液。用 75％乙醇洗涤 RNA 沉淀一次,每 1 ml Trizol 至少加 1 ml 75％乙醇。振荡混合样品并在 4 ℃下以不超过 7500 r/min 的离心力离心 5 min,弃上清。

5. RNA 的再溶解：干燥 RNA 沉淀（空气干燥）。不能让 RNA 沉淀完全干燥，否则会极大地降低它的可溶性。用 50 μl 无 RNA 酶的水（DEPC 水）或 0.5% SDS 溶液来溶解 RNA，可在 55～60 ℃下孵育 10 min。

6. RNA 的分析和定量：测定样品在 260 nm 和 280 nm 处的吸收值，确定 RNA 的质量。按 1 OD＝40 μg RNA 计算 RNA 浓度。

吸取 4 μl RNA 样品溶液，加入 400 μl DEPC 水中，充分混匀，测定在 260 nm 和 280 nm 处的 OD 值。然后计算 RNA 的浓度，并分析其纯度。（以 400 μl DEPC 水为对照）

$$RNA\ 浓度(\mu g/ml)＝OD_{260}\times40\times稀释倍数$$

OD_{260}/OD_{280} 在 1.8～2.0 视为抽提的 RNA 纯度很高。如需精确化，只有浓度在 40 μg/ml 以上的样品适于用光度计测定。

RNA 样品 OD_{260}/OD_{280} 的比值太小，说明有蛋白或苯酚污染。若 OD_{260}/OD_{280} 比值大于 2.0，则可能被异硫氰酸胍污染。

7. 甲醛变性琼脂糖凝胶电泳分析总 RNA。

(1)配制 1.2% 变性琼脂糖凝胶(40 ml)：称取 0.48 g 琼脂糖，加入 25.2 ml DEPC 水、4 ml 5×电泳缓冲液，加热使之溶解，稍冷却后加入 3.4 ml 甲醛，混匀，让其在室温下凝固 0.5～1 h。

(2)RNA 电泳检测样品制备：

RNA	2 μl
甲醛	2.5 μl
甲酰胺	7.5 μl
10×MOPS	2 μl
RNA 上样缓冲液	2 μl
灭菌 DEPC 水	4 μl

混合液轻轻混匀并离心，放于 65 ℃下温育 5 min 后，置于冰上。

(3)将上述样品加入加样孔中，电泳(130 V，100 mA)50 min。可用已知大小的 RNA 作为相对分子质量标准参照物。

(4)电泳结束，将胶置于紫外灯下照相。

为什么要变性胶电泳？这是因为 RNA 分子的二、三级结构可以影响其电泳结果，所以电泳时应在变性剂存在下进行，常用的变性剂为甲醛和戊二醛。

附 每位同学电泳样品

①10 μl DNA＋2 μl loading buffer（6×）

②DNA 酶解后（20 μl）＋4 μl loading buffer

③10 μl RNA＋2 μl loading buffer

Lane	1	2	3	4	5	6	7	8	9
Marker	1	2	3	1	2	3	1	2	3

六、实验结果与分析

1. 比较 DNA 和 RNA 提取方法，掌握其原理。

2. 分析提取的 RNA 的产量和纯度。

实验三　聚合酶链式反应(PCR)体外扩增(克隆)DNA 片段

一、实验目的

1. 掌握 PCR 的原理。
2. 学会使用 PCR 仪。
3. 能利用已知序列设计引物进行一般的 PCR 实验,克隆一个基因或一段 DNA 序列。

二、实验原理

类似于 DNA 的变性和复性过程,即在高温(93~95 ℃)下,待扩增的靶 DNA 双链受热变性成为两条单链 DNA 模板;

而后在低温(37~65 ℃)情况下,两条人工合成的寡核苷酸引物与互补的单链 DNA 模板结合,形成部分双链;

在 *Taq* 酶的最适温度(72 ℃)下,以引物 3′端为合成的起点,以单核苷酸为原料,沿模板以 5′→3′方向延伸,合成 DNA 新链。

聚合酶链式反应(polymerase chain reaction, PCR)是一种对特定的 DNA 片段在体外进行快速扩增的方法。

1985 年,Kary Mullis 及同事创立了 PCR 技术,随后借助于热稳定性 *Taq* DNA 聚合酶的发现,使 PCR 自动化成为可能;1987 年,Kary Mullis 等完成了自动化操作装置,使 PCR 技术进入实用阶段。Kary Mullis 因发明了"聚合酶链式反应"而获得 1993 年度诺贝尔化学奖。

(一)PCR 技术的原理

(1)变性(denature):在加热或碱性条件下可使 DNA 双螺旋的氢键断裂,形成单链 DNA。

(2)退火(annealing):使模板与引物复性。引物是与模板某区序列互补的一小段 DNA 片段。

(3)延伸(extension):以结合在特定 DNA 模板上的引物为出发点,四种脱氧核苷酸 以碱基配对形式按 5′→3′的方向沿着模板顺序合成新的 DNA 链。

PCR 的每一个温度循环周期都是由 DNA 变性、引物退火和反应延伸三个步骤完成 的。图 3-1 中设定的反应参数是:94 ℃变性 1 min,55～60 ℃退火 1 min,72 ℃延伸

图 3-1　PCR 原理示意图

1.5 min(根据克隆的基因大小决定)。如此周而复始,重复进行,直至扩增产物的数量满足实验需求为止(图 3-2)。

图 3-2 PCR 的温度循环周期

这样,每一双链的 DNA 模板,经过一次变性解链、退火、延伸三个步骤的热循环后就成了两条双链 DNA 分子。

如此反复进行,每一次循环所产生的 DNA 均能成为下一次循环的模板,每一次循环都使两条人工合成的引物间的 DNA 特异区拷贝数扩增一倍,PCR 产物得以 2^n 的指数形式迅速扩增,经过 25~30 个循环后,理论上可使基因扩增 10^9 倍以上,实际上一般可达 $10^6 \sim 10^7$ 倍。

(二)PCR 的特点及应用

PCR 操作简便、省时,灵敏度高,对原始材料的质和量要求低。因此,广泛应用于以下领域:

(1)基因克隆及定量、扩增特异性片段用于探针、体外获得突变体、提供大量 DNA 用于测序等;

(3)遗传病的产前诊断;

(4)致病病原体的检测;

(5)癌基因的检测和诊断;

(6)DNA 指纹、个体识别、亲子关系鉴别及法医物证;

(7)动、植物检疫;

(8)在转基因动植物中检查植入基因的存在。

(三)PCR 反应系统的组成

PCR 反应系统的组成主要包括:

(1) 模板 DNA；

(2) 引物；

(3) 寡核苷酸；

(4) *Taq* DNA 聚合酶；

(5) 缓冲液。

1. 引物(primer)

要扩增模板 DNA,首先要设计两条寡核苷酸引物,这实际上就是两段与待扩增靶DNA 序列互补的寡核苷酸片段(图 3-3)。两引物间距离决定扩增片段的长度,两引物的5′端决定扩增产物的两个 5′末端位置。由于引物是决定 PCR 扩增片段长度、位置和结果的关键,所以引物设计也就更为重要。

图 3-3　PCR 引物设计原理

(1)引物的设计:

1)长度一般最低不少于 16 个核苷酸,最佳长度为 20~24 个核苷酸。有时可在 5′端添加不与模板互补的序列,如限制性酶切位点等,以完成基因克隆和其他特殊需要,但要在酶切位点的 5′端加上额外的核苷酸,以确保附加的酶切位点有效。

2)两个引物之间不应发生互补,特别是在引物 3′端,即使无法避免,其 3′端互补碱基也不应大于 2 个碱基,否则易生成"引物二聚体"或"引物二倍体"(primer dimer)。

3)引物的组成应均匀,两个引物中(G+C)%含量应尽量相似。

4)引物内部应避免形成明显的次级结构,尤其是发夹结构(hairpin structures)。

(2)引物在 PCR 反应中的浓度:一般为 0.1~1 μmol/L。浓度过高易形成引物二聚体且产生非特异性产物。一般来说,低浓度引物经济、特异,但浓度过低,不足以完成 30个循环的扩增反应,则会降低 PCR 的产率。

(3)引物退火温度:决定 PCR 特异性与产量。温度高,特异性强,但若温度过高则引物不能与模板牢固结合,DNA 扩增效率下降;温度低,产量高,但若温度过低可造成引物与模板错配,非特异性产物增加。

一般可根据引物的(G+C)%含量进行推测,实验中退火温度(T_a)可按以下公式进行粗略计算:

$$T_a = T_m - 5\ ℃ = 4(G+C) + 2(A+T) - 5\ ℃$$

其中 A,T,G,C 分别表示相应碱基的个数;T_m 为解链温度;T_a 为退火温度。在典型的引物浓度时(如 0.2 μmol/L),退火反应数秒即可完成。

(4)引物延伸温度:温度的选择取决于 DNA 聚合酶的最适温度。一般取 70~75 ℃,在 72 ℃时酶催化核苷酸的标准速率可达 35~100 个核苷酸/s。对于 1 kb 以上的 DNA 片段,可根据片段长度将延伸时间控制在 1~7 min。

2. 寡核苷酸(dNTP)

在 PCR 反应体系中,dNTP 终浓度高于 50 mmol/L 会抑制 Taq 酶的活性。使用低浓度 dNTP 可以减少在非靶位置启动和延伸时核苷酸的错误掺入,高浓度 dNTPs 易产生错误掺入,而浓度太低,势必降低反应物的产量。PCR 常用的 dNTP 浓度为 50~200 μmol/L,不能低于 10~15 μmol/L。四种 dNTP 的浓度应相同,其中任何一种浓度偏高或偏低,都会诱导聚合酶的错误掺入作用,降低合成速度,过早终止反应。

3. Taq DNA 聚合酶

Taq DNA 聚合酶最早是从嗜热水生菌中提纯出来的。PCR 反应混合物中,催化一典型的 PCR 所用酶量为 2 U,常用范围为 1~4 U/100 μl。由于 DNA 模板和引物的不同,以及其他条件的差异,聚合酶的用量亦有差异,酶量过多会导致非特异产物的增加。Taq DNA 聚合酶有 $5' \rightarrow 3'$ 外切酶活性,但无 $3' \rightarrow 5'$ 外切核酸酶校正活性,无法校正 DNA 合成过程中产生的错配。

4. 模板

单、双链 DNA 或 RNA 都可以作为 PCR 的样品。若起始材料是 RNA,则须先通过逆转录得到第一条 cDNA。在用质粒作模板时,线性化的比环状的效果好,但在实际操作中,往往不需要将质粒线性化,而直接用作模板。当使用高相对分子质量的 DNA(如基因组 DNA)作模板时,如果用适当的酶先进行消化再作为模板,扩增效果会更好。

对于模板的用量来说,虽然 PCR 可以仅用极微量的样品,甚至是来自单一细胞的 DNA,但为了保证反应的特异性,还应使用纳克(ng)级的 DNA。

模板变性温度是决定 PCR 反应中双链 DNA 解链的温度,达不到变性温度就不会产生单链 DNA 模板,PCR 也就不会启动。变性温度低则变性不完全,DNA 双链会很快复性,因而减少产量。一般变性温度取 90~95 ℃。样品一旦达到此温度宜迅速冷却到退火温度。DNA 变性不需要时间过久,在高温时间应尽量缩短,以保持 DNA 聚合酶的活力,加入 Taq DNA 聚合酶后最高变性温度不宜超过 95 ℃。

5. PCR 缓冲液

用于 PCR 的标准缓冲液为 10~50 mmol/L Tris·HCl 缓冲液(pH 8.3)和 1.5 mmol/L $MgCl_2$ 溶液。在 72 ℃时,反应体系的 pH 值将下降 1 个单位,接近于 7.2。二价阳离子的存在至关重要,决定 PCR 的特异性和产量。实验表明,Mg^{2+} 优于 Mn^{2+},而

Ca^{2+} 无任何作用。Mg^{2+} 过量易生成非特异性扩增产物,Mg^{2+} 不足易使产量降低。首次使靶序列和引物结合时,都要把 Mg^{2+} 浓度调到最佳,其浓度变化范围为 $1\sim10$ mmol/L。

6.PCR 循环次数

常规 PCR 循环次数一般为 $25\sim40$ 个周期。一般情况是循环次数过多,非特异性背景严重,复杂度增加。当然,若循环反应的次数太少,则得率偏低。所以,在保证产物得率的前提下,应尽量减少循环次数。

三、实验器材

PCR 仪　移液枪

四、实验试剂

克隆基因为加强型绿色荧光蛋白基因(enhanced green fluorescent protein, EGFP)。

绿色荧光蛋白(图 3-4)最早是由下村修等人于 1962 年在一种学名为 *Aequorea victoria* 的水母中发现的。其基因所产生的蛋白质,在蓝色波长范围的光线激发下,会发出绿色萤光(图 3-5)。这个发光的过程中还需要冷光蛋白质 Aequorin 的帮助,且这个冷光蛋白质与钙离子(Ca^{2+})可产生交互作用。

图 3-4　绿色荧光蛋白

图 3-4 绿色荧光蛋白

图 3-5 绿色荧光蛋白来自水母(上)及改造后发出不同颜色的光(下)

由水母中发现的野生型绿色荧光蛋白,395 nm 和 475 nm 分别是最大和次大的激发波长,它的发射波长的峰点是在 509 nm,在可见光绿光的波长范围内是较弱的位置。

在细胞生物学与分子生物学领域中,绿色荧光蛋白基因常被用作

图 3-5　绿色荧光蛋白来自水母(上)及改造后发出不同颜色的光(下)

一个报告基因(reporter gene)。绿色荧光蛋白作为报告基因应用于转基因小鼠研究实例如图 3-6 所示。一些经修饰过的形式可作为生物探针,用来印证某种假设的实验方法。

可见光（Visible rays）　　　紫外光（Ultraviolet rays）

图 3-6 绿色荧光蛋
白作为报告基因
应用于转基因
小鼠研究

GFP　　　（+）（+）（−）（−）

图 3-6　绿色荧光蛋白作为报告基因应用于转基因小鼠研究

2008 年 10 月 8 日,日本科学家下村修(伍兹霍尔海洋生物学研究所)、美国科学家马丁·查尔菲(哥伦比亚大学)和钱永健(加利福尼亚大学圣选戈分校)因为发现和改造绿色荧光蛋白而获得了诺贝尔化学奖。

GFP 基因序列如下：

ATGGTGAGCAAGGGCGAGGAGCTGTTCACCGGGGTGGTGCCCATCCTGGTC
GAGCTGGACGGCGACGTAAACGGCCACAAGTTCAGCGTGTCCGGCGAGGGCGA
GGGCGATGCCACCTACGGCAAGCTGACCCTGAAGTTCATCTGCACCACCGGCA
AGCTGCCCGTGCCCTGGCCCACCCTCGTGACCACCCTGACCTACGGCGTGCAG
TGCTTCAGCCGCTACCCCGACCACATGAAGCAGCACGACTTCTTCAAGTCCGCC
ATGCCCGAAGGCTACGTCCAGGAGCGCACCATCTTCTTCAAGGACGACGGCAA
CTACAAGACCCGCGCCGAGGTGAAGTTCGAGGGCGACACCCTGGTGAACCGCA
TCGAGCTGAAGGGCATCGACTTCAAGGAGGACGGCAACATCCTGGGGCACAAG
CTGGAGTACAACTACAACAGCCACAACGTCTATATCATGGCCGACAAGCAGAA
GAACGGCATCAAGGTGAACTTCAAGATCCGCCACAACATCGAGGACGGCAGCG
TGCAGCTCGCCGACCACTACCAGCAGAACACCCCCATCGGCGACGGCCCCGTGC
TGCTGCCCGACAACCACTACCTGAGCACCCAGTCCGCCCTGAGCAAAGACCCCA
ACGAGAAGCGCGATCACATGGTCCTGCTGGAGTTCGTGACCGCCGCCGGGATC
ACTCTCGGCATGGACGAGCTGTACAAG**TAA**

2. 基因大小为 720 bp，编码 239 个氨基酸。

3. PCR 克隆 EGFP 的引物设计

　　EGFP-Forward（primer 1）：AAT<u>GGATCC</u>ATGGTGAGCAAGGGC（*Bam*H I）

　　EGFP-Bacward（primer 2）：TAA<u>AGCTT</u>TTACTTGTACAGCTC（*Hind* III）

4. PCR 反应混合物组成如表 3-1 所示。

表 3-1　PCR 反应混合物的组成

成　分	用　量
template DNA	1 μl（10 ng）
primer 1	1 μl（10 mmol）
primer 2	1 μl（10 mmol）
dNTPs	2 μl（10 mmol）
Taq DNA 聚合酶	0.5 μl（5 U/L）
10×buffer	2.5 μl
ddH$_2$O	17 μl
总量	25 μl

五、实验操作步骤

1. 根据指导教师课件提示,按照 PCR 反应要求,将各种材料加入 1.5 ml Eppendorf 管内,混匀,3000 r/min 离心。

2. 转入 PCR 专用小管(注意必须加至底部)。

3. 根据 PCR 反应条件,设置 PCR 反应各个步骤的运行参数。

4. 将 PCR 专用小管插入 PCR 仪内的小孔,盖上盖子。

5. 开始 PCR 反应(需要 1.5~2.0 h),期间请观察仪器运行参数情况。

将 PCR 反应体系加好、混匀后,按照下面步骤设置 PCR 仪运行参数,开始基因的体外扩增。

94 ℃变性 3 min 后开始以下循环:

- 94 ℃变性反应 30 s;
- 56 ℃退火反应 30 s;
- 72 ℃延伸反应 40 s;

进行 30 个循环;

最后 72 ℃反应 7 min;

4 ℃冷却恒定。

6. 反应结束后,取出小管内反应液,并转移至 1.5 ml Eppendorf 管内。随后加入 2.5 倍体积无水乙醇,放置冰上 10 min。

7. 12000 r/min 离心 5 min。

8. 弃上清液。用 200 μl 70%乙醇洗涤沉淀物 1 次,12000 r/min 离心 3 min。

9. 弃上清液。将沉淀在室温下或置通风柜中干燥。

10. 加入 30 μl ddH$_2$O 溶解。

11. 取 5 μl 样品,电泳,鉴定结果。(5 μl 样品+1 μl loading buffer 混匀)

六、注意事项

1. 在加 PCR 反应体系时,由于涉及试剂较多,容易出现漏加、多加现象,须认真操作,多加注意。建议在纸上写好添加的试剂,每加完一种试剂后在相应试剂后面打钩,以防多加或漏加。

2. 加完反应体系后,应在离心机中稍微离心一下,使所加试剂混匀后再放到 PCR 仪中反应。

七、实验结果

取 5 μl PCR 产物(5 μl 样品＋1 μl loading buffer 混匀)，采用 1.0％琼脂糖凝胶电泳分析 PCR 产物的量、引物扩增的特异性。

PCR 典型结果如图 3-7 所示。

图 3-7　PCR 实验结果

八、思考题

1.PCR 的工作原理是什么？

2.如果让你来设计一段已知 DNA 序列的上下游引物，应该注意哪些方面？

实验四　DNA 酶切、片段回收、
DNA 连接和转化(DNA 重组)

一、实验目的

1.学习限制性内切酶的特性;掌握酶解的操作方法。

2.学习 DNA 纯化的原理和方法;掌握利用试剂盒从凝胶中回收 DNA。

3.了解质粒(以 pUC18 为例)的基本概念。

4.掌握 DNA 连接的原理。

5.学会基本的酶切、连接方法(体外 DNA 重组技术)。

6.掌握蓝白斑筛选原理和方法。

二、实验原理

1.关于 DNA 片段的纯化

DNA 纯化的主要目的是回收得到纯的目的 DNA 片段,去除影响 DNA 连接酶活性的物质以及其他的 DNA 片段。

纯化 DNA 片段的方法有多种,如电洗脱法、从低熔点或普通琼脂糖凝胶中回收、玻璃珠纯化、柱层析以及硅胶吸附等。目前,一些生物公司推出了直接从 PCR 产物中或琼脂糖凝胶中回收 DNA 片段的试剂盒(图 4-1),有效地加快了 DNA 的纯化速度。

2.DNA 连接和转化(目的基因克隆入质粒载体)

质粒具有稳定可靠和操作简便的优点,如果要克隆较小的 DNA 片段(<10 kb)且结构简单,质粒要比其他任何载体都要好。在质粒载体上进行克隆,从原理上来说很简单,分别用限制性内切酶切割质粒 DNA 和目的 DNA 片段,然后体外使两者相连接,再用所得到的重组质粒转化细菌,即可完成。

图 4-1　割胶回收试剂盒

三、实验器材

恒温水浴锅　　　移液枪　　　离心机　　　恒温仪(DNA 连接用)
超净工作台　　　涂布玻璃棒

四、实验试剂

ddH₂O	10×Buffer	质粒(vector pUC18)	*Bam*H Ⅰ
Hind Ⅲ	DNA 回收试剂盒	DNA 连接酶	一次性塑料培养皿
感受态细胞 DH5α	X-Gal	IPTG	SOC 培养基
LB 琼脂平板			

五、SOC 培养基配制

1. 加入组分与浓度:2%（w/v) tryptone ,0.5%（w/v) yeast extract ,0.05%（w/v) NaCl,2.5 mmol/L KCl, 10 mmol/L MgCl₂ ,20 mmol/L glucose。

2. 配制量：100 ml。

3. 配制方法：

(1) 配制 1 mol/L glucose 溶液：将 18 g glucose 溶解在 90 ml 的去离子水中，定容至 100 ml，用 0.22 μm 滤膜过滤除菌；

(2) 向 100 ml SOB 培养基中加入除菌的 1 mol/L glucose 溶液 2 ml，均匀混合；

(3) 调节 pH 值为 7；

(4) 4 ℃保存。

六、有关 pUC18 质粒的说明

pUC18 载体自身带有抗氨苄青霉素基因，而外源片段不具有，这样只有带有 pUC18 的转化子的菌株才能在氨苄青霉素平板上存活，而外源片段自身环化的不能存活，这称为抗性筛选。

pUC18 上带有 β-半乳糖苷酶基因（*lacZ*）的调控序列和 β-半乳糖苷酶 N 端 146 个氨基酸的编码序列，在这个编码区中插有一个多克隆位点，且不影响正常功能（图 4-2）。DH5α 感受态菌株带有 β-半乳糖苷酶 C 端部分序列的编码信息，当 pUC18 载体在正常

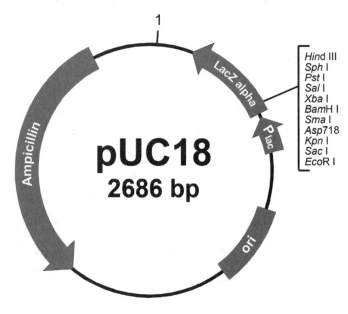

Comments for pUC18
2686 nucleotides

LacZ alpha peptide: bases 149-469 (complementary strand)
lac promoter: bases 470-543 (complementary strand)
pUC origin: bases 808-1481 (complementary strand)
Ampicillin (*bla*) resistance gene: bases 1629-2486 (complementary strand)
bla promoter: bases 2487-2585 (complementary strand)

图 4-2　pUC18 质粒载体和多克隆位点

情况下同感受态菌株融合后,互补表达有活性的 β-半乳糖苷酶,称为 α-互补现象。当有外源片段插入多克隆位点后,序列不能互补,即细菌不能产生有活性的 β-半乳糖苷酶。在呈色底物X-Gal(5-溴-4-氯-3-吲哚-β-半乳糖苷)和诱导物异丙基-β-D-硫代半乳糖苷(isopropyl-β-D-thiogalactoside,IPTG)的存在下,互补产物菌落呈现蓝色,不互补产物菌落呈白色,很容易鉴别,这种筛选方法称为 α-互补现象筛选(蓝白斑筛选)。由上可见,pUC18 载体除了能重组导入外源片段外,在筛选表达过程中还具有重要的作用。

七、实验操作步骤

(一)消化

分别用限制性内切酶消化质粒载体和目的基因 EGFP。反应体系如表 4-1、表 4-2 所示,混合后 37 ℃水浴保温 1～2 h。

表 4-1　载体酶切体系

序　号	成　　分	用　量
1	plasmid vector pUC18	5 μl
2	10×buffer	2 μl
3	*Bam*H I	0.5 μl
4	*Hind* III	0.5 μl
5	ddH$_2$O	12 μl
总量		20 μl

表 4-2　插入酶切反应体系

序　号	成　　分	用　量
1	insert (PCR 产物 EGFP)	5 μl
2	10×buffer	2 μl
3	*Bam*H I	0.5 μl
4	*Hind* III	0.5 μl
5	ddH$_2$O	12 μl
总量		20 μl

上述两个反应,由于 2、3、4、5 相同,因此可以预先混合为预混合液(premixture)。

PCR 产物经过酶解,如果时间紧张,可以不割胶,加入 2.5 倍无水乙醇沉淀、纯化,直接利用,操作同 PCR 产物纯化。最后溶解于 20 μl ddH$_2$O 中。

1.将清洁干燥并经灭菌的 Eppendorf 管,用微量移液枪按照上面体系加入各种试剂。

2.混匀反应体系后,将 Eppendorf 管置于适当的支持物上(如插在泡沫塑料板上),37 ℃水浴保温 1～2 h,使酶切反应完全。

(二)琼脂糖凝胶电泳、割胶回收、纯化载体和目的基因 DNA

1.用 1%琼脂糖凝胶电泳(100 V, 45 min)分离酶切后的载体和 PCR 产物样品。

2.标记离心管,称重。

3.在紫外线下用干净的刀片切出所需 DNA 条带(参见示意图 4-3),操作要快,以免损伤 DNA。应尽可能多地去除琼脂糖凝胶。

图 4-3 从琼脂糖凝胶中割胶回收 DNA 示意图。分别在目的条带上、下、左、右各切割一刀,动作要干净利落,然后用干净的镊子迅速挑出,放入离心管

4.将切下的琼脂糖凝胶放入离心管中,称重,计算凝胶重量。

5.按胶重量 1:3 加入 binding bufferⅡ,55 ℃水浴 10 min(振荡助融)。

6.按胶重量 1:1.5 加入异丙醇,装柱(图 4-4),静置 2 min,12000 r/min 离心 1 min(离心后,弃废液,再装柱离心一次)。

7.弃废液,加 500 μl washing buffer,12000 r/min 离心 1 min,重复一次。

8.弃废液,将空柱 12000 r/min 离心 2 min。

9.将柱放一新离心管(1.5 ml)中,在柱膜中央加 40 μl 水,室温放置 2 min,12000 r/min离心 2 min,离心管中液体即为回收目的片段。放置冰上,标记为"V"

DNA 结合膜

图 4-4　管内的 DNA 结合膜

(Vector),PCR 产物酶解后割胶回收可标记"I"(Insert)。

(三)DNA 体外连接

1.取新的经灭菌处理的 1.5 ml Eppendorf 管,编号。

2.根据表 4-3 所示反应体系将载体、目的基因 DNA 以及 DNA 连接酶加入到无菌离心管中,混匀,离心液体全部甩到管底,16 ℃进行体外连接过夜。

表 4-3　DNA 体外连接反应体系

序　号	成　分	用　量
1	insert（PCR 产物 EGFP）	3 μl
2	vector pUC18	1 μl
3	DNA 连接酶	0.5 μl
4	10×buffer	2 μl
5	ddH$_2$O	13.5 μl
总量		20 μl

(2、3、4、5 可以是预混合液)

(四)DNA 转化(进入大肠杆菌)

DNA 转化如图 4-5 所示。具体操作步骤如下:

1.从−70 ℃冰箱取出 50 μl 感受态细胞置于冰上。(感受态细胞由助教制备,具体参见实验五)

重组质粒
(Recombinant plasmid)

大肠杆菌细胞
(*E.coli* host cell)

转化后的细胞
(Transformed cell)

图 4-5　DNA 转化示意

2.待其融化后,加入连接后的质粒(2.5～3.5 μl),加入的量不超过总体积的 5%,轻轻混匀,置冰上 30 min。

3.42 ℃水浴热冲击 60 s,迅速移于冰上,置 2 min。

4.加入 450 μl SOC 培养基(37 ℃预热),混匀。

5.37 ℃培养 1 h。

6.LB 固体培养基(由助教事先配制,加入 Amp)上事先用 X-Gal 和 IPTG 涂布。

方法:X-Gal 150 μl、IPTG 150 μl、H_2O 300 μl 混合(由实验助教统一配制后分发各小组)后,每板 200 μl 涂匀,超净工作台内干燥。

7.将上述步骤 5 的培养液低速离心(3000 r/min),吸弃上清 350 μl,将余下 150 μl 轻轻混匀,并均匀涂布于经过步骤 6 处理的 LB 固体培养基上进行铺板培养(图 4-6),超净工作台内干燥,用封口膜(parafilm)封口密闭。37 ℃倒置培养 12～16 h(过夜)(若常温条件下则培养 2 d),观察蓝白斑,拍照记录。培养板下次上课时交教师处理。

八、注意事项

1.使用限制性内切酶时应尽量减少其离开冰箱的时间,以免活性降低。

2.反应体系总量比较少,属于微量操作,在移取试剂时需要小心,不要用力过猛,以免溶液喷溅。

3.切胶时应快速操作,在紫外灯下时间长容易伤害到眼睛。

4.称胶前一定要先除去离心管的空重。

5.一般连接 1～2 h 就行,如果连接效果不好,可以适当延长甚至连接过夜。

图 4-6　菌液涂板及菌落生长示意图

九、实验结果与分析

1. 根据酶切情况，分析 PCR 实验结果。

2. 观察转化实验的结果，分析菌斑为什么会产生两种颜色，即白色和蓝色。

十、思考题

1. DNA 纯化的方法主要有哪些？各有什么优点？

2. DNA 连接技术是整个基因操作技术的基础，试根据前面所学的分子生物学知识列举出连接反应体系中需要哪些物质的参与？

3. 只要 DNA 上存在相应的序列，限制性内切酶都可以与之作用，为什么限制性内切酶没有对自身细胞中的 DNA 产生损害呢？

实验五　大肠杆菌感受态细胞的制备及质粒 DNA 的转化

一、实验目的

1.了解细胞转化的概念及其在分子生物学研究中的意义。

2.学习氯化钙法制备大肠杆菌感受态细胞和外源质粒 DNA 转入受体菌细胞的技术。

二、实验原理

(一)感受态细胞

受体细胞经过一些特殊方法(如 $CaCl_2$ 等化学试剂法)处理后(图 5-1),细胞膜的通透性发生变化,成为能容许外源 DNA 的载体分子通过的感受态细胞(competent cell)。

图 5-1　$CaCl_2$ 处理产生感受态细胞及质粒转化

(二)转化

转化(transformation)是将异源 DNA 分子引入一细胞株系,使受体细胞获得新的遗传性状的一种手段,是基因工程等研究领域的基本实验技术。

进入细胞的 DNA 分子通过复制表达,才能实现遗传信息的转移,使受体细胞出现新的遗传性状。转化过程所用的受体细胞一般是限制-修饰系统缺陷的变异株,即不含限制性内切酶和甲基化酶的突变株。重组质粒 DNA 转化入细菌的过程如图 5-2 所示。

图 5-2　重组质粒 DNA 转化入细菌过程示意

转化的方法有以下两种:

1.化学法(热击法):使用化学试剂(如 $CaCl_2$)制备的感受态细胞,通过热击处理将载体 DNA 分子导入受体细胞。

2.电转化法:使用低盐缓冲液或水洗制备的感受态细胞,通过高压脉冲将载体 DNA 分子导入受体细胞。

(三)克隆的筛选

主要用不同抗生素基因筛选。常用的抗生素有氨苄青霉素、卡那霉素、氯霉素、四环素、链霉素等。

将经过转化后的细胞在选择性抗生素培养基中培养,才能较容易地筛选出转化体,即带有异源 DNA 分子的受体细胞;如果将转化后的菌液涂在无选择性抗生素的培养基平板上,会出现成千上万的细菌菌落,将难以确认哪一个克隆含有转化的质粒。

三、实验器材

恒温摇床　　　　　台式高速离心机　　恒温水浴锅　　琼脂糖凝胶电泳装置
电热恒温培养箱　　电泳仪　　　　　　无菌工作台　　微量移液枪

四、实验试剂

含 X-Gal 和 IPTG 的筛选培养基
感受态细胞

五、实验操作步骤

(一)大肠杆菌感受态细胞的制备(CaCl₂ 法)

1. 从 E.coli DH5α 菌平板上挑取一单菌落,接种于 3 ml LB 液体培养基中,37 ℃振荡培养过夜。将该菌悬液以 1∶100～1∶50 转接于 200 ml LB 液体培养基中,37 ℃振荡扩大培养,当培养液开始出现浑浊后,每隔 20～30 min 测一次 OD_{600},至 $OD_{600} \leqslant 0.5$ 时停止培养(约 2～3 h)。

2. 每人取 2 个离心管,转入 3 ml 培养液(1.5 ml×2),在冰上冷却 2～3 min,于 4 ℃ 4000 r/min 离心 5 min(从这一步开始,所有操作均在冰上进行,速度尽量快而稳)。

3. 倒净上清培养液,按照 0.75 ml/管,用冰冷的 0.1 mol/L CaCl₂ 溶液轻轻悬浮细胞,冰浴 15 min。

4. 4000 r/min 离心 5 min。

5. 弃去上清液,加入 100 μl 冰冷的 0.1 mol/L CaCl₂ 溶液,小心悬浮细胞,冰上放置 2 h后,即制成了感受态细胞悬液。

6. 制备好的感受态细胞悬液可直接用于转化实验,也可加入占总体积15％～20％并经高压灭菌过的甘油,混匀后分装于 1.5 ml 离心管中,置于－70 ℃条件下可保存半年至一年。

(二)细胞转化

1. 取 1 μl 质粒 DNA 于离心管中,加入 100 μl 感受态细胞,轻轻摇匀,冰上放置 30 min。

2. 于 42 ℃水浴中保温 1 min,然后迅速置冰上冷却 2 min。

3. 立即向上述管中分别加入 1 ml LB 液体培养基,摇匀后于 37 ℃振荡培养约 45～60 min,使受体菌恢复正常生长状态,并使转化体表达抗生素基因产物(Ampʳ)。(该步骤可以省略)

(三)平板培养

1. 取各样品培养液 20 μl 或 50 μl,涂布于含 Amp 抗生素的 LB 平板培养基上(用玻璃棒涂抹,用酒精灯烧过后稍微凉一下再用,不要过烫)。

2. 菌液完全被培养基吸收后,倒置培养皿,于 37 ℃恒温培养箱内培养过夜(12~16 h)。

用 $CaCl_2$ 法制备的感受态细胞,可使每微克超螺旋质粒 DNA 产生 $5 \times 10^6 \sim 2 \times 10^7$ 个转化菌落。在实际工作中,每微克有 10^5 以上的转化菌落足以满足一般的克隆实验。

六、注意事项

1. 进行热击制备感受态细胞时要控制好时间。
2. 转化好的细菌进行涂板时,可稀释不同浓度,涂布在几块培养基上,以达到较好的效果。

七、实验结果

涂好的培养基放入 37 ℃恒温培养箱,进行培养过夜,第二天再观察结果。结果如图 5-3 所示。

图 5-3 蓝白斑观察

图 5-3　蓝白斑观察

八、思考题

根据实验中所学知识,设计一个将外源基因导入宿主细胞的具体方案。

实验六　重组质粒 DNA 的提取及插入酶切鉴定

一、实验目的

1. 学习和掌握质粒的相关知识，了解从细菌中提取质粒的原理。
2. 通过本实验学习和掌握碱裂解法提取质粒的原理，熟悉质粒提取的操作步骤。
3. 了解分离小分子 DNA 与基因组 DNA 的原理与区别。
4. 掌握质粒 DNA 的鉴定方法。

二、实验背景知识

(一)大肠杆菌(*E. coli*)

大肠杆菌是人类最熟悉的微生物之一。大肠杆菌细胞质中的质粒是一种环状 DNA，出入细胞较为容易，加之它结构简单，繁殖快，易于培养，自然就成了基因工程研究的对象和理想的操作工具(图 6-1)。1969 年，美国生物学家夏皮洛等人首先用生物学方法，从大肠杆菌质粒的环状 DNA 片段上人工分离出了基因。3 年之后，美国科学家科恩首次把两

基因组 10^7 bp，编码约 2000 种蛋白质

图 6-1　大肠杆菌的结构与特点

个大肠杆菌的质粒从细胞中分离出来,在体外让质粒中的 DNA 分子重新进行组合,然后再送回大肠杆菌中,使其成功地获得表达,从而第一次实现了基因操作。

(二)质粒(plasmid)的基本概念

在一些原核生物细胞中发现质粒。质粒的结构如图 6-2 所示。

质粒的特点主要有以下几点:

——质粒是染色体外的稳定遗传因子;

——双链、闭环的 DNA 分子,大小 1～200 kb 不等;

——质粒存在于细菌、放线菌和真菌细胞中;

——质粒具有自主复制和转录能力,并表达所携带的遗传信息。

图 6-2　质粒

质粒的基本结构,通常含有下列因子:

a. 抗性基因(antibiotic resistance gene, such as ampicillin resistance gene, kanamycine resistance gene),作为选择性标记。

b. 复制启动子(*ori*, origin of replication,一段特定的 DNA 序列),保证质粒能够在寄主细胞内复制。

c. 多克隆位点(multiple cloning site or polylinker,MCS),在一段较短的 DNA 序列中人为设置多个限制性内切酶的位点,以供外源基因插入。

质粒需要人工改造才能成为质粒载体(图 6-3)。

图 6-3　质粒改造

(三)感受态细胞的制备

感受态细胞的制备流程及质粒转化如图 6-4 所示。用 $CaCl_2$ 处理大肠杆菌细胞,改变了细胞膜的通透性,使外源 DNA(如质粒)比较容易进入。

图 6-4　感受态细胞制备流程及质粒转化

(四)DNA 转化

DNA 转化(DNA transformation)即外源 DNA(一般指质粒 DNA)转入细菌的过程(图 6-5)。外源 DNA(如质粒)在刺激条件下(如热击等)进入细菌。[注意,该概念与转染(transfection)不同]

感受态 E.coli,
膜的通透性暂时改变　　　　　　　　　　转化子

图 6-5　DNA 转化流程

(五)质粒 DNA 的提取

核酸分离纯化的基本原则:因为遗传信息全部储存在核酸的一级结构中,所以完整的一级结构是保证核酸结构与功能研究的基础。

在进行核酸的分离和纯化时应遵循两个原则:①保证核酸一级结构的完整性;②排除其他分子的污染。

核酸的纯度要求:①核酸样品中不应存在对酶有抑制作用的有机溶剂和过高浓度的金属离子;②其他生物大分子(如蛋白质、多糖和脂类分子)的污染应降低到最低程度;③排除其他核酸分子的污染,如提取 DNA 分子时,应去除 RNA。

核酸分离纯化的主要步骤为:破碎细胞→去除蛋白质、多糖、脂类等生物大分子→沉淀核酸→去除盐类、有机溶剂等杂质→纯化干燥→溶解。

二、实验原理

碱裂解法提取质粒是根据共价闭合环状质粒 DNA 与线性染色体 DNA 在拓扑学上的差异来分离它们的。在 pH 值为 12.0～12.5 这个狭窄的范围内,线性的 DNA 双螺旋结构解开而变性。在同样的条件下,尽管共价闭环质粒 DNA 的氢键会断裂,但两条互补链彼此相互盘绕,仍会紧密地结合在一起。当 DNA 溶液加入 pH 值为 4.8 的乙酸钾高盐缓冲溶液,恢复 pH 至中性时,共价闭环状的质粒 DNA 的两条互补链仍保持在一起,因此复性迅速而准确;而线性染色体 DNA 的两条互补链彼此已完全分开,复性就不会那么迅速而准确,它们缠绕形成网络结构,通过离心,染色体 DNA 与不稳定的大分子 RNA、蛋白质-SDS 复合物等一起沉淀下来而被除去。

DNA 的浓缩原理为(乙醇沉淀):对于浓的 DNA 溶液,乙醇能够在样品的上方形成一个分层,使得核酸分子在两相界面处沉淀出来。用玻璃棒伸入核酸溶液后,DNA 分子会黏附在棒上,从而很容易地被取出。

质粒 DNA 提取的具体步骤如图 6-6 所示。

图 6-6　质粒 DNA 提取的具体步骤

三、实验器材

电子天平　　锥形瓶　　气浴摇床　　离心机

四、实验试剂

1.溶液Ⅰ：

　　50 mmol/L 葡萄糖

　　10 mmol/L EDTA

　　25 mmol/L Tris·HCl,pH 8.0

2.溶液Ⅱ：

　　0.2 mol/L NaOH

　　1% SDS

3.溶液Ⅲ,即 3 mol/L 乙酸钾溶液（pH 4.8）：

　　60 ml 5 mol/L KAc

　　11.5 ml 冰醋酸

28.5 ml H_2O

4. 饱和酚(pH 8.0 Tris·HCl 饱和)

5. 氯仿

6. 3 mol/L 乙酸钠溶液(pH 5.2)

7. TE 缓冲液:

　　10 mmol/L Tris·HCl

　　1 mmol/L EDTA,pH 8.0

8. 100% 乙醇与 70% 乙醇

9. SOB 液体培养基(1 L):称取 20 g tryptone,5.0 g yeast extract,0.5 g NaCl 和 186.0 mg KCl,用 950 ml 去离子水溶解。然后用 5 mol/L NaOH 溶液(大约 0.2 ml)调节 pH 值至 7.0,最后定容至 1000 ml,高压灭菌,冷却后加入 10 ml 灭菌后的 2 mol/L Mg^{2+} 溶液(如 10 ml 的 1 mol/L $MgCl_2$ 溶液或 1 mol/L $MgSO_4$ 溶液)。

五、实验操作步骤

(一)质粒 DNA 抽提 (经典方法)

1. 将 2 ml 含相应抗生素(50 μg/ml Amp)的 SOB 液体培养基加入到试管中,接入上述含 pUC18-EGFP 质粒的大肠杆菌,37 ℃ 振荡培养过夜。(教师准备)

2. 取 1.5 ml 培养物倒入微量离心管中,4000 r/min 离心 2 min。吸去培养液,使细胞沉淀,尽可能干燥。

3. 将细菌沉淀悬浮于 100 μl 溶液 I 中,充分混匀,室温放置 10 min。

4. 加入 200 μl 溶液 II(新鲜配制),盖紧管盖,混匀内容物,将离心管置冰上 5 min。

5. 加入 150 μl 溶液 III(冰上预冷),盖紧管盖,颠倒数次使之混匀,置冰上 15 min。

6. 12000 r/min 离心 10 min,将上清转至另一离心管中。

向上清中加入等体积酚、氯仿(1:1)(去蛋白),反复混匀(图 6-7),12000 r/min 离心 5 min,将上清转至另一离心管中。转移时小心!(总体积: 400 μl)

7. 向上清中加入 2 倍体积无水乙醇(800 μl),混匀后,放置冰上 5～10 min,观察是否有絮状沉淀。12000 r/min 离心 5 min。倒去上清液,把离心管倒扣在吸水纸上,吸干液体。

9. 用 1 ml 70% 乙醇洗涤质粒 DNA 沉淀,振荡并离心 1 min,倒去上清液,空气中干燥。

10. 加 20 μl TE 缓冲液(含有 20 μg/ml 的胰 RNA 酶)到有 DNA 沉淀的离心管中,使 DNA 完全溶解,−20 ℃ 保存。

注意:用移液枪操作时,每一步都要格外小心,特别是在加入溶液 II 和 III 后,一定不要

水相(DNA+RNA)
Aqueous layer
(DNA+RNA)

中间层(变性蛋白)
Interface(coagulated
proteins)

酚(Phenol)

细胞抽提物　　　　　与酚混合　　　　　离心后分层
(Cell extract)　　　(Mix with phenol)　(Separate layers
　　　　　　　　　　　　　　　　　　　by centrifugation)

图 6-7　酚-氯仿与 DNA 抽提液混合后分层

剧烈振荡,以免切碎 DNA(包括质粒 DNA 和基因组 DNA)!

(二)质粒 DNA 抽提方法(试剂盒快速提取,不使用酚、氯仿)

某品牌质粒 DNA 快速提取试剂盒和 DNA 吸附柱如图 6-8 所示。

图 6-8　质粒 DNA 快速提取试剂盒(左)和 DNA 吸附柱(右)

1. 取 1 ml 过夜培养的菌液,加入离心管中,室温下 12000 r/min 离心 1 min,弃上清液,再短暂离心,吸弃残留液体。

2. 加入 250 μl 溶液 A,用枪头充分吹打使菌体重悬。

3. 加入 250 μl 溶液 B,温和反复颠倒混匀 4~6 次(此步处理不能超过 5 min,避免剧烈振荡)。

4. 加入 350 μl 溶液 C,反复颠倒混匀 4~6 次。

5. 12000 r/min、4 ℃离心 5 min,小心将上清液转移到离心吸附柱中。

6. 静置 2 min,以让质粒 DNA 与吸附柱充分结合(此步十分重要)。

7. 室温 12000 r/min 离心 1 min,弃收集管中的废液。

8. 加入 500 μl 漂洗液 2(W2),室温 12000 r/min 离心 1 min,弃收集管中的废液。

9. 重复上步 1 次。

10. 室温 12000 r/min 离心 1 min,甩干残留液体。

11. 将离心吸附柱置于一个新的 1.5 ml 塑料离心管中,加入 50 μl、65 ℃预热的 TE 缓冲液,室温放置 2 min。

12. 室温 12000 r/min 离心 1 min,离心管底部溶液即质粒 DNA。

(三)插入酶切鉴定

取 10 μl 质粒 DNA 溶液,加酶切缓冲液(教师统一配制,含有 BamH Ⅰ、$Hind$ Ⅲ 酶和反应缓冲液,如表 6-1、表 6-2 所示),用无菌水补至总体积 20 μl,37 ℃保温 1～2 h,加凝胶上样缓冲液(6×) 2 μl,进行琼脂糖凝胶电泳,分析质粒 DNA 的限制性酶切图谱。

表 6-1 单酶切反应缓冲液

序 号	成 分	用 量
1	质粒 DNA	10 μl
2	10×buffer	2 μl
3	BamH Ⅰ	0.5 μl
4	ddH$_2$O	7.5 μl
	总体积	20 μl

表 6-2 双酶切反应缓冲液

序 号	成 分	用 量
1	质粒 DNA	10 μl
2	10×buffer	2 μl
3	BamH Ⅰ	0.5 μl
4	$Hind$ Ⅲ	0.5 μl
5	ddH$_2$O	7.0 μl
	总体积	20 μl

六、结果观察与鉴定

质粒提取和消化后鉴定预想图如图 6-9 所示。

图 6-9　质粒提取和消化后鉴定预想图

pUC18 质粒和 EGFP DNA 电泳图谱如图 6-10 所示。

图 6-10　pUC18 质粒和 EGFP DNA 电泳图谱

七、思考题

1.从细菌中分离质粒 DNA 的原理是什么？

2.如果插入的片段两端均使用同一种限制性内切酶，即单一位点插入质粒载体，在这种情况下，如何鉴定是否有插入以及插入方向？

3.质粒的特性是什么？

实验七　外源基因在大肠杆菌中的表达(或诱导表达)和检测

一、实验目的

通过本实验了解外源基因在原核细胞中表达的特点和方法。要求掌握:

1. 什么是基因表达? 掌握原核表达系统的原理。
2. 根据 pRSET 质粒的特点,说明为什么需要诱导表达,了解其原理。
3. 掌握表达产物(重组蛋白)的分析技术。

二、实验原理

将外源基因克隆在含有 T7 启动子的表达载体中,转化入大肠杆菌(*E. coli*)并使之表达。先让宿主菌生长,*lac*I 产生的阻遏蛋白与 *lac* 操纵基因结合,从而抑制 T7 RNA 聚合酶的产生,使外源基因不能转录及表达,然后向培养基中加入 *lac* 操纵子的诱导物异丙基-β-D-硫代半乳糖(IPTG),使阻遏蛋白不能与操纵基因结合,启动 T7 RNA 聚合酶的产生,从而诱导外源基因大量转录并高效表达。表达的重组目的蛋白可经显色反应或聚丙烯酰胺凝胶电泳(SDS-PAGE)检测分析。

(一)原核(大肠杆菌)表达系统

外源目的基因克隆入表达载体(注意:务必保证正确的阅读框架),表达质粒被转化入宿主菌后能够独立复制和转录并表达(参见图 7-1)。该系统重组速度快,生产工艺简单,成本低,表达量较高;但缺点是重组蛋白翻译后修饰较差。1978 年,人胰岛素(insulin)基因首次在大肠杆菌中得到表达。目前该系统仍被广泛利用,是一个重要的表达系统。一些活性要求不高的蛋白质,如抗原制备,可利用该系统大量生产。

图 7-1　原核表达系统工作原理示意

(二)pRSET 载体

pRSET A,B,C 是从 pUC 载体衍生而来的,大小为 2895 bp。载体设计的目的是在大肠杆菌中高水平地表达和纯化目的克隆基因。载体上的 T7 启动子使得 pRSET 载体高水平表达克隆的基因序列成为可能。此外,DNA 插入片段位于载体上面的下游侧,并能够与上游的蛋白编码框一致。上游的编码序列表达一个 N-端融合肽,该序列包括一个 ATG 翻译起始密码子,一个 6×His 标签,一个来源于噬菌体 T7 基因 10 的转录稳定序列,Xpress 抗原表位,以及一个肠激酶裂解识别序列。His 标签允许简单的 Ni 柱蛋白纯化。肠激酶识别位点位于 His 标签和重组蛋白之间,可以随后方便地去除重组蛋白的 N-端融合肽。

(三)常用的原核表达启动子

Lac——来源于乳糖操纵子的启动子。

T7——来源于噬菌体的启动子。

PL——噬菌体早期启动子。

注意:原核生物 RNA 聚合酶不能识别真核基因的启动子,所以在原核表达载体中不能使用来源于真核细胞的启动子。

(四)诱导表达(expression by induction)

原核表达系统诱导表达原理如图 7-2 所示。

IPTG 诱导细菌产生 T7 RNA 聚合酶,从而激活表达载体目的基因的转录过程,如图 7-3 所示。

图 7-2　原核表达系统诱导表达原理示意

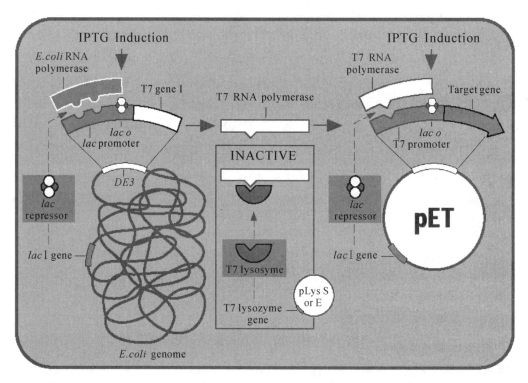

图 7-3　IPTG 诱导细菌产生 T7 RNA 聚合酶,从而激活表达载体目的基因的转录

三、几种主要试剂的配制

1. 氨苄青霉素(ampicillin):用去离子水配制 50 mg/ml 的储存液(stock solution),0.22 μm 过滤灭菌,−20 ℃冻存。使用浓度为 50 μg/ml。

2. 氯霉素(chloramphenicol):用 100% 乙醇溶解,配制 35 mg/ml 的储存液,0.22 μm 过滤灭菌,−20 ℃冻存。使用浓度为 35 μg/ml。

3.100 mmol/L IPTG:用去离子水溶解 0.24 g IPTG,使终体积为 10 ml。0.22 μm 过滤灭菌,－20 ℃冻存。

4.LB(1 L):液体和固体培养基的配制成分如表 7-1 所示。

表 7-1　液体和固体培养基配制成分及用量

成分	液体培养基	固体培养基
tryptone	10 g	10 g
yeast extract	5 g	5 g
NaCl	10 g	10 g
agar	—	15 g

将各种成分称量,加入 950 ml 去离子水来溶解,然后用 5 mol/L NaOH 溶液调节 pH 值至 7.0,最后定容至 1000 ml,高压灭菌。使用前加入相应抗生素。

四、实验操作步骤

将编码半乳糖苷酶的基因 *LacZ*(*LacZ* 基因大小为 3060 bp,编码 1019 个氨基酸,产物为半乳糖苷酶,该酶分解 X-Gal,即半乳糖苷类似物,呈现蓝色)克隆入表达载体 pRSET(参见图 7-4、图 7-5 和试剂说明)。该载体为氨苄青霉素抗性(ampicillin-resistant)。克隆用菌株 Top10F′,表达时采用菌株 BL21(DE3)pLysS。

Invitrogen

T7 promoter: bases 20-39

Ribosome binding site: bases 84-90

6× His tag: bases 112-129

T7 gene 10 leader: bases 133-162

Anti-Xpress™ epitope: bases 169-192

Multiple cloning site: bases 202-248

pRSET reverse priming site: bases 295-314

T7 transcription terminator: bases 256-385

f1 origin: bases 456-911

bla promoter: bases 943-1047

Ampicillin (*bla*) resistance gene (ORF): base 1042-1902

pUC origin: bases 916-2852 (C)

图 7-4　pRSET 质粒载体示意

pRSET/*lac Z* is a 5911 bp control vector expressing β-galactosidase. Note that β-galactosidase is fused to an N-terminal peptide containing the Xpress™ peptide, 6xHis tag and an enterokinase recognition site. The molecular weight is approximately 120 kDa. The figure below summarizes the features of the pRSET/*lac Z* vector. **The complete sequence of the vector is available for downloading from our Web site at www.invitrogen.com or from Technical Service .**

图 7-5　　克隆入 *Bam*H Ⅰ、*Hind*Ⅲ 位点的 *LacZ* 基因

将重组质粒转化入大肠杆菌菌株 BL21（DE3）pLysS。经过一段时间（几小时）培养，使其大量生长，然后加入诱导剂 IPTG，诱导表达载体表达目的蛋白。

pRSET 质粒多克隆位点 MCS 如图 7-6 所示。

```
        T7 promoter                                                                    RBS
 21  AATACGACTC ACTATAGGGA GACCACAACG GTTTCCCTCT AGAAATAATT TTGTTTAACT TTAAGAAGGA

                              Polyhistidine(6xHis)region
 91  GATATACAT ATG CGG GGT TCT CAT CAT CAT CAT CAT CAT GGT ATG GCT AGC ATG ACT
               Met Arg Gly Ser His His His His His His Gly Met Ala Ser Met Thr

        T7 gene 10 leader                    Xpress™ Epitope                       BamHI
148  GGT GGA CAG CAA ATG GGT CGG GAT CTG TAC GAC GAT GAC GAT AAG GAT CGA TGG GGA
     Gly Gly Gln Gln Met Gly Arg Asp Leu Tyr Asp Asp Asp Asp Lys Asp Arg Trp Gly
                                               EK recognition site  EK cleavage site

        XhoI  SacI  BglⅡ   PstⅠ PvuⅡ  KpnⅠ NcoⅠ EcoRⅠ BstBⅠ HindⅢ
205  TCC GAG CTC GAG ATC TGC AGC TGG TAC CAT GGA ATT CGA AGC TTG ATC CGG CTG CTA
     Ser Glu Leu Glu Ile Cys Ser Trp Tyr His Gly Ile Arg Ser Leu Ile Arg Leu Leu

                                        pRSET reverse priming site
262  ACA AAG CCC GAA AGG AAG CTG AGT TGG CTG CTG CCA CCG CTG AGC AAT AAC TAG CAT
     Thr Lys Pro Glu Arg Lys Leu Ser Trp Leu Leu Pro Pro Leu Ser Asn Asn *** His
```

图 7-6　　pRSET 质粒多克隆位点 MCS

诱导表达步骤如图 7-7 所示。

图 7-7　诱导表达步骤示意

具体操作步骤如下：

1. 将 pRSET/*lacZ* 转化大肠杆菌菌株 BL21(DE3)pLysS。挑单菌落接种于含有 50 μg/ml ampicillin 和 35 μg/ml chloramphenicol 的 2 ml SOB 培养基。37 ℃振荡培养过夜。

2. 次日，用上述菌液接种 50 ml SOB(It is not necessary to include antibiotics for expression)，使 OD_{600} 至 0.1。(上述步骤 1、2 由指导教师和助教准备)

3. 37 ℃振荡培养，使菌生长至 OD_{600}＝0.4～0.6。

4. 在加入 IPTG 诱导前，取 1 ml 菌液作为对照（0 h 样品）。离心后收集细胞，−20 ℃冻存。

5. 加入 IPTG，使其最终浓度为 1 mmol/L (0.25 ml of 100 mmol/L IPTG stock to 25 ml culture)，继续培养。

6. 以加入 IPTG 时作为 0 点，每过 1 h 取 1 ml 样品，如步骤 4，将样品离心后冻存。一般收集样品 0～6 h。

7. 当所需样品收齐后，将冷冻的细胞悬浮在 100 μl 20 mmol/L 磷酸缓冲液中，用液氮或干冰(使用液氮或干冰，易引起皮肤灼伤，务必注意安全)使样品速冻，然后在 42 ℃融化。

8. 重复上述冻融 2～3 次，使细胞裂解，释放胞内蛋白，然后 4 ℃高速离心 10 min，收集上清。

9. 聚丙烯酰胺凝胶电泳(SDS-PAGE)分析蛋白质表达结果。在 100 μl 样品中加入等体积的 2×SDS-PAGE 上样缓冲液，混匀后 100 ℃煮沸 3 min。

10. 加入 10～20 μl 样品至 SDS-PAGE 胶，电泳。

11. 电泳结束后用考马斯亮蓝染色，脱色，观察结果，典型结果如图 7-8 所示。

（如果实验时间紧张，步骤 9、步骤 10 可不做，改为下列显色反应：在 1 ml 样品中直接加入 X-Gal 200 μl，充分混合，观察颜色反应）

（如果时间不够，可将 3 个样品带回，观察、拍照！）

0　　　　　1　　　　　3 h

图 7-8　诱导表达实验结果示意

图 7-8 诱导表达
实验结果示意

五、思考题

1. 简述原核表达系统的工作原理。

2. 在原核表达系统中，常使用诱导表达技术，其原理是什么？

3. 你认为本次诱导表达实验，在实验设计上是否有值得改进的地方，使之更加科学？

4. 表达质粒常见有 A，B，C 系列，这是为什么？

实验八　胚胎原位杂交

一、实验目的

1.掌握胚胎原位杂交原理。
2.应用斑马鱼整胚原位杂交。

二、实验原理

RNA 整胚原位杂交是主要用于检测特定转录子在胚胎内的时空表达模式的杂交技术,它利用了核苷酸碱基互补配对的特性。首先用多聚甲醛固定样品,使目的 mRNA 保留在原组织中,固定后用蛋白酶 K 处理,打开细胞膜使探针能够进入细胞(处理时间和样品有关,例如样品的厚度、年龄)。探针可以是标记的互补 DNA,现在最常见的是与目的基因互补的 RNA。对于待检测的组织和使用的探针需要通过测试优化实验条件。可以同时使用两个或多个用不同分子标记的探针检测两个或多个 mRNA。探针一般杂交过夜,可以通过提高杂交温度减少非特异性结合,第二天洗掉多余的探针。标记的探针可以与特定的抗体结合,抗体上交联了磷酸酶,后者可以与底物发生可见的化学发光反应,从而检测到特定基因的表达。

三、实验器材

(一)胚胎处置

杂交缸	筛网	培养皿	3 ml 巴氏吸管

(二)探针合成与纯化

一次性手套	移液枪	RNase-free 枪头
RNase-free 1.5 ml 离心管	离心管架	37 ℃水浴锅

4 ℃离心机（12000 r/min）	65 ℃水浴锅	冰盒
M-30 微量过滤器	微波炉	DNA/RNA 电泳仪
UV 照射器		

(三)整胚原位杂交

成年的雌性和雄性斑马鱼(2 个月~2 年)	斑马鱼胚胎	一次性手套
2.0 ml 离心管	离心管架	3 ml 巴氏吸管
1 ml 移液枪	1 ml 枪头	68 ℃恒温摇床
37℃ 水浴锅	铝箔纸	4℃恒温摇床
立体显微镜	尖头细镊子	显微镜玻片

四、实验试剂

(一)胚胎处理

卵液(0.03％海盐溶液,0.1％亚甲基蓝)

0.0045％ N-苯基硫脲(N-phenylthiourea,PTU)(在卵液中)

(二)探针合成与纯化

含有目的基因的线性化质粒在合适的启动子的作用下转录出 RNA 探针(一般 T7 RNA 聚合酶优于 T3 RNA 聚合酶)

10×DIG 标记的 NTP 混合物(Roche)

RNA 聚合酶(Promega)

10×RNA 聚合酶缓冲液(Promega)

100 mmol/L DTT (Promega)

Recombinant RNasin 核糖核酸酶抑制剂(Promega)

DNase I (NEB)

4mol/L 氯化锂溶液

无水乙醇

70％酒精

无 RNA 酶(RNase-free)的水

琼脂糖

1×TBE

EB

(三)整胚原位杂交

链霉蛋白酶[1/100 (w/v)卵液]

4% PFA(在 PBST 中)

PBST(1×PBS，0.1% Tween-20)

蛋白酶 K (1：1000 稀释,在 PBST 中)

杂交液,配方如下：

　　　50% 去离子甲酰胺；

　　　5×SSC；

　　　0.1% Tween-20；

　　　50 μg/ml 肝素(Sigma)；

　　　500 μg/ml Baker's yeast tRNA(Sigma)；

　　　0.0092 mol/L 柠檬酸。

地高辛(digoxin,DIG)标记的 RNA 探针(在杂交液中 0.2～1.0 g/ml)

2×SSCT(2×SSC,0.1% Tween-20)

0.2×SSCT(0.2×SSC,0.1% Tween-20)

1×封闭液(1：10 小牛血清,稀释在 PBST 中)

DIG 抗体(1：5000 稀释,在 1×封闭液中)

9.5T 缓冲液(100 mmol/L Tris·HCl, pH 9.5；50 mmol/L $MgCl_2$；100 mmol/L NaCl；0.1% Tween-20)

发光底物（NBT/BCIP）

终止液(1×PBS, pH 5.5；1 mmol/L EDTA；0.1% Tween-20)

甘油

五、实验操作步骤

(一)探针合成与纯化

所有操作都在无 RNA 酶(RNase-free)的环境下进行。

1.对于每种探针,分别将表 8-1 中的各种成分加到 1.5 ml 离心管中。反应体系总体积为 20 μl。

表 8-1 加到 1.5 ml 离心管中各成分用量

成 分	每 20 μl 反应体系中各成分用量	终浓度
template DNA (linearized) with sterile water	11.25 μl	50 ng/μl
5×transcription buffer	4 μl	1×
0.1 mol/L DTT	2 μl	10 mmol/L
10×DIG-RNA labeling mix (UTP)	2 μl	1×
RNAsin (40 U/μl)	0.25 μl	0.5 U/μl
SP6，T3 或 T7 RNA polymerase (20 U/μl)	0.5 μl	0.5 U/μl

2.混匀,在 37 ℃水浴锅里孵育 2 h。

3.加 1 μl 不含 RNA 酶的 DNA 酶消化掉 DNA 模板,混匀,37 ℃水浴锅里孵育 30 min。

4.将离心柱 Microcon Filter (Millipore)竖直地放进收集管中组装成 M-30 离心超滤装置。

5.用无菌水将反应体积补到 100 μl,将探针加到超滤膜上,4 ℃,10000 r/min 离心 12 min,倒掉收集管中多余的 DIG-dUTP。

6.向离心柱中加 100 μl 无菌水,4 ℃,10000 r/min 离心 12 min。倒掉收集管中多余的 DIG-dUTP。

7.重复步骤 6。

8.将离心柱倒放在一个新的收集管中, 4 ℃,750 r/min 离心 5 min,收集探针,弃离心柱。

9.加氯化锂使其终浓度为 4 mol/L,再加 2.5 倍体积的乙醇。−20 ℃孵育 2 h。(注意:氯化锂不能有效地使<300 个核苷酸的 RNA 沉淀。为了提高探针的浓度,可以用异丙醇沉淀。一般沉淀得到的 RNA 浓度需要达到 0.2 μg/μl。

10.4 ℃,12000 r/min 离心 30 min,弃上清,得到沉淀的 RNA 探针。(注意:可以留下少量液体,以免丢失部分透明的沉淀。离心的时候注意观察沉淀的位置)

11.用 70%酒精洗涤沉淀,4 ℃,7500 r/min 离心 10 min。弃上清(注意:离心的时候注意观察沉淀的位置)。用大枪头吸掉大部分的液体(约 900 μl),剩余的液体用小枪头吸掉。

12.打开离心管盖子,在超净工作台中吹干(2～5 min)。

13.用 30～50 μl 不含 RNA 酶的水溶解 RNA 沉淀(注意:可以在 65 ℃水浴锅中,以加速溶解)。纯化的 DIG 标记的 RNA 可以在−20 ℃下保存数月。合成的探针稀释在杂交液中可以在−20 ℃保存更长时间,因为甲酰胺可以抑制 RNA 被 RNA 酶降解。探针可以以 1 μg/ml 的浓度保存在杂交液中,使用时再稀释成工作浓度。

14.取 1/20 合成的探针进行凝胶电泳,琼脂糖浓度为 1%。(注意:在非变性条件下,

一个好的探针应该有一条或两条独立的条带,而不是一堆模糊的条带。如果是一堆模糊的条带,说明 RNA 部分降解)

(二)胚胎处理

1.交配前一天晚上,分别将两条雄鱼和两条雌鱼放在交配盒的两边,中间用挡板隔开。

2.第二天早上将挡板拿开,1 h 后收集鱼卵并用系统的水冲洗,将鱼卵放在含有卵液(egg water)的培养皿中 28 ℃培养(每个 94 mm 培养皿中大约放 50～80 粒卵,若培养过密会导致胚胎发育迟缓和不均等发育)。为了方便观察原肠胚发育后期的胚胎需要抑制黑色素的形成,可以在原肠胚发育之后在卵液里加入 PTU(胚胎发育后 10 h)。PTU 是一种酪氨酸酶抑制剂,而黑色素的形成需要酪氨酸酶。(注意:PTU 影响早期发育,因此在原肠胚形成之前不要加 PTU)

3.继续在 PTU 中培养胚胎直到所需要的大小。吸出死卵,并且每天更换 PTU。(注意:PTU 有毒,不要将吸取卵液的吸管和吸取 PTU 的混用)

(三)整胚原位杂交

除另有说明外,所有的步骤都在 2 ml 圆头离心管中进行。确保每一个步骤中使用的溶液足够多,使胚胎完全浸没在溶液里。每一个步骤均需在一定温度的摇床上充分摇动。

68 ℃条件下,在配有旋转平台的杂交炉里洗涤胚胎。

使用 1 ml 移液管吸去离心管内的溶液,可留少量液体在离心管内,以免触及胚胎。

1.当胚胎发育到期望的生长阶段时,用 3 ml 巴氏吸管把 50～80 条小鱼转移到 2 ml 的圆底离心管内。尽可能地吸去多余的 PTU 溶液(注:PTU 是有毒的,不要混淆使用吸取 PTU 和正常卵液的巴氏吸管)。受精后 3 天(3 dpf)之前的胚胎,仍然有绒毛膜包被。为了收集发育时期较早的样品(例如<2 dpf),在胚胎固定之前,需用酶促方法或机械方法移除绒毛膜,以便得到伸直的胚胎照片。链霉蛋白酶(预热至 28.5 ℃)处理,可逐渐软化绒毛膜而不损坏胚胎。链霉蛋白酶处理胚胎时,可轻轻摇动并仔细观察胚胎情况。使用 3 ml 吸管轻轻地吸入、吸出胚胎,辅助绒毛膜破裂。一旦大部分胚胎的绒毛膜开始降解,迅速用正常的卵液取代链霉蛋白酶液体,然后再用新的卵液替换一次。特别需要注意的是链霉蛋白酶消化处理的时间,时间太久会导致胚胎易碎。另外,胚胎的绒毛膜可以通过锋利的针头或手术钳手动剥除。

2.4% PFA(多聚甲醛)固定胚胎 1 h。(注意:PFA 是有毒的,这一步最好在通风橱内进行。4% PFA 通常保存在 4 ℃条件下。胚胎也可以在 4 ℃条件下固定过夜)

3.移去 4% PFA,然后用 PBST 洗胚胎 10 min(注意:PFA 是有毒的,PFA 废液要丢弃到通风橱内指定的 PFA 废液瓶中)。移去 PBST。

4.重复步骤3。

5.在室温条件下,用100%甲醇使胚胎脱水15 min,然后在-20 ℃存放胚胎至少2 h,以便得到干净的背景。如果时间冲突,不便实验,可更换新鲜的100%甲醇,然后将其存储在-20 ℃条件下。理论上,在-20 ℃条件下,胚胎可永久保存于100%甲醇中。若要继续实验,移去甲醇并用下列溶液梯度处理,使胚胎再水合:75%的甲醇/PBST,50%的甲醇/PBST和25%的甲醇/PBST,各5 min。接着用PBST洗涤两次,每次10 min。

6.用蛋白酶K消化胚胎22 min。(注意:消化处理也可以用更高的稀释倍数和/或更短的时间,在稍高温度下进行。1 dpf或发育时间更短的斑马鱼胚胎不需要蛋白酶K消化,而34 hpf的胚胎需处理3 min,2 dpf、3 dpf、4 dpf和5 dfp的胚胎需分别处理9 min、18 min、22 min和35 min)。请大家注意,蛋白酶K处理的浓度和时间很大程度上取决于酶品牌和生产批次,需要通过实验优化条件。消化时间不足,探针不能进入胚胎,而过度消化,将改变胚胎的形态结构。移去蛋白酶K并用PBST简单润洗胚胎(注意:新鲜处理的胚胎很脆弱,这一步要特别小心,吸取液体时不要触碰胚胎,避免搅动)。移去PBST。

7.4% PFA再固定胚胎20 min以上。

8.移去4% PFA,用PBST洗涤胚胎10 min。

9.重复步骤8。

10.在68 ℃杂交炉中,用预杂交缓冲液预杂交胚胎1 h。(注意:预杂交缓冲液,-20 ℃保存,可重复使用约5~8次。胚胎可以保持在预杂交缓冲液中,-20 ℃下可保存长达两周)

11.用DIG标记的探针(预热至68 ℃)替换预杂交缓冲液,68 ℃孵育过夜。(注意:根据最后一次观察到的信号强度,探针通常可以重复使用大约5~8次。低浓度的探针可以降低着色背景)

所有操作程序都在室温下用振动器振荡,除非另有说明。所有的洗涤液都在68℃预热后使用。洗涤时振动频率可以高一点从而降低背景。但是封闭和抗体孵育的时候要温和摇动。用1 ml的枪吸取液体的时候应剩余少量液体,以防止枪头碰到胚胎。

12.回收探针,-20 ℃保存。(注意:不要让胚胎过于干燥,否则背景会很高)

13.在68 ℃杂交炉中,用预热的2×SSCT洗胚两次,每次20 min。(注意:对于某些探针,需要另外洗3次才能产生更好的信号,在用2×SSCT洗之前先用50% 甲酰胺/2×SSCT洗两次,再用25% 甲酰胺/2×SSCT洗一次,每次20 min。甲酰胺有毒,应回收到专门的废液缸中)

14.在68 ℃杂交炉中用预热的0.2×SSCT洗胚胎3次,每次30 min。

15.用PBST洗5 min,使胚胎恢复到室温。

16.去掉PBST,用封闭液封闭2 h,防止抗体的非特异性结合。

17.去掉封闭液,用抗DIG的抗体孵育2 h。(注意:抗体可以重复使用5~8次,使用

次数可以由上一次的信号强度决定。不要让胚胎过于干燥,否则背景会很高)

18. 回收抗体,－20 ℃保存。

19. 用 PBST 洗胚胎 3 次,每次 10 min,洗掉未结合的抗体。

20. 用 9.5T 缓冲液孵育两次,每次 5 min。(注意:9.5T 缓冲液可以将胚胎的 pH 值平衡到 9.5,这是化学显色反应的最适 pH 值)

21. 去掉 9.5T 缓冲液,加底物(新鲜配制,避光保存)。用铝箔纸将离心管包起来,避光显色。

22. 每 15 min 用 3 ml 的吸管取出一部分胚胎置于观察皿中,观察颜色变化(深蓝色)。观察后将胚胎放回去继续显色。(注意:显色时间依赖于基因表达水平、探针和抗体浓度,为了得到更好的信号可以在 4 ℃显色,显色时间会长一些)

23. 信号强度足够时去掉底物,用 PBST 洗胚胎两次,每次 10 min,用终止液洗两次,每次 10 min,终止染色。胚胎可以避光保存在终止液中,4 ℃可保存数年。

六、实验结果与处理

1. 图像捕获(拍照)之前,用 1 ml 枪头转移胚胎(枪头切出一个 2 mm 左右的开口,以免损伤胚胎),尽可能最少地把终止液带到新的加入 100％甘油的 2 ml 离心管内。遮光条件下,室温轻轻摇动过夜。(注意:此步骤允许水和甘油的交换。甘油是一种温和的清除剂,浸润胚胎样本后,可以增加一定程度的透明度)

2. 第 2 天,将沉浸在 100％甘油中的染色胚胎置于玻璃板上,拍照。使用图像处理软件调整对比度、亮度和色彩平衡,以 TIFF 格式保存图片。原位杂交前后的斑马鱼如图 8-1 所示。

图 8-1　原位杂交前(左)与后(右)的斑马鱼(受精后 4 天)。右图用的探针为肝脏特异性探针

七、思考题

1. 为了证明观察到的信号是真实的(例如,不是背景信号),该实验用什么来做对照实验更好?

2. 与 DNA 探针相比,RNA 探针有什么优点?

实验九　Southern 印迹杂交

一、实验目的

1. 掌握 Southern 印迹(Southern blot)杂交的基本原理。
2. 操作 Southern 印迹杂交的基本步骤。

二、实验原理

Southern 印迹是一种基于核酸,特别是基因组 DNA 与 DNA 探针碱基互补配对特性的杂交技术,它被用来显示基因组 DNA 的状态,包括基因拷贝数和基因突变。该技术首先用一组特定的限制性内切酶将基因组 DNA 酶切成小的片段,再用琼脂糖凝胶电泳按照片段大小分离这些酶切产物,通常低电压和温度能够有效提高分辨率。对于更小的 DNA 片段(<800 个碱基对),使用丙烯酰胺凝胶电泳能够得到更好的分辨率。电泳后,由于 DNA 带负电荷,可以通过毛细管作用有效地将它们转移到带正电荷的尼龙膜上;然后通过 UV 照射将 DNA 永久地固定在尼龙膜上,方便后面的杂交。尼龙膜使用放射性标记,或者与荧光染料连接,又或者使用与某种酶偶联的与目的基因具有同源性的核酸探针杂交后,再与合适的底物孵育时,能够产生化学发光信号。

如图 9-1 所示,杂交时,通过控制杂交液成分和杂交温度促进地高辛标记的探针与固定在尼龙膜上的 DNA 片段互补结合。杂交后,用几种不同的缓冲液洗掉未结合的探针。用低强度的洗涤液去除杂交液和未杂交探针。用高强度的洗涤液能够去除部分结合的探针分子。其结果是,只有与目的基因互补的、充分结合的探针分子能保留下来。在检测时,抗地高辛碱性磷酸酶复合物会与探针特异性结合,接着底物再与抗体上的酶发生反应,释放出可见信号。

图 9-1 地高辛标记探针系统杂交与显色反应示意

三、实验器材

一次性手套	移液枪	RNase-free 枪头
RNase-free 1.5 ml 离心管	离心管架	37 ℃水浴锅
4 ℃离心机(12000 r/min)	PCR 仪	100 ℃干式恒温器
冰盒	微波炉	DNA 电泳仪
UV 照射器	塑料托盘	尼龙膜或硝酸纤维素膜
吸水纸	3MM Whatman 滤纸	剪刀/刀片
塑料板	杂交炉	杂交管
洗脱盒	恒温摇床	塑料纸
曝光仪	紫外交联仪	

四、实验试剂

限制性内切酶

10×缓冲液

高质量基因组 DNA

酚-氯仿-异戊醇(25：24：1)

氯仿-异戊醇（24：1）

7.5 mol/L 乙酸铵溶液

无水乙醇

70％乙醇

1×TAE 缓冲液

6×DNA 上样缓冲液

DNA 标准分子量（DNA marker）

琼脂糖

10×DIG 标记的 dNTP 混合物（Roche）

ddH_2O

10×PCR 缓冲液

引物

Taq DNA 聚合酶

水解液（0.2 mol/L HCl）

变性液（0.5 mol/L NaOH,1.5 mol/L NaCl）

缓冲液（1.5 mol/L NaCl,1 mol/L Tris · HCl,pH 7.4）

10×SSC（1.5 mol/L NaCl, 150 mmol/L 柠檬酸钠,pH 7.0）

亚甲基蓝染色液（0.3 mol/L NaAc,pH 5.2,0.03％亚甲基蓝）

预杂交液

探针（用预杂交液稀释至 25 ng/ml）

2×SSC/0.1％ SDS

0.5×SSC/0.1％ SDS

0.1×SSC/0.1％ SDS

1×封闭液（1％小牛血清,稀释在 MABT 中）

MABT（MAB+0.1％ Tween-20,10×MAB,1 mol/L 马来酸,1.5 mol/L NaCl）

DIG 抗体（用 1×封闭液 1∶20000 稀释）

1×洗涤剂（2×SSC/1％ SDS）

10×检测液（1 mol/L Tris · HCl,pH 9.5;1 mol/L NaCl）

底物（CPD-Star,Roche）

五、实验操作步骤

（一）限制性内切酶消化基因组 DNA

Southern 杂交用的限制性内切酶消化原理和步骤与常规限制性内切酶消化的方法
一样（参见实验一　动物细胞基因组 DNA 的分离、定量和限制性内切酶消化），唯一不同的是基因组 DNA 的用量比较多,反应体积大,反应时间长,以确保完全消化。

1. 取 10～15 μg 高质量的基因组 DNA,用特定的限制性内切酶消化过夜。最好采用水浴锅(不是干式恒温器),这样可以确保样品中反应体系的温度更接近水浴的温度,且温度更均匀。基因组 DNA 酶切反应体系组成见表 9-1。

表 9-1　基因组 DNA 酶切反应体系

成　分	每 100 μl 反应体系中各成分用量	终浓度
genomic DNA with sterile water	86 μl	100～150 ng/μl
10×digestion buffer	10 μl	1×
enzyme 1(10 U/μl)	2 μl	0.2 U/μl
enzyme 2 (10 U/μl)	2 μl	0.2 U/μl

上述反应液稍离心混匀,37 ℃酶切过夜。

2. 之后取 5 μl 样品进行 DNA 凝胶电泳,紫外灯下检测酶切是否完全。反应完全的 DNA 为片状,没有加酶的对照组 DNA 为一条完整、高相对分子质量的条带,如图 9-2 所示。

图 9-2　检查酶切反应是否完整示意

其余酶切完全样品用酚-氯仿抽提法重新沉淀 DNA(实验一　动物细胞基因组 DNA 的分离、定量和限制性内切酶消化)

3. 加等量的酚-氯仿-异戊醇,振荡混匀,12000 r/min 离心 5 min,置 4 ℃。

4. 取上层溶液至另一管(注意不要吸取中间层),加入等体积的氯仿-异戊醇,振荡混匀,12000 r/min 离心 5 min, 置 4 ℃。

5. 取上层溶液至另一管,加入 1/2 体积的 7.5 mol/L 乙酸铵溶液,加入 2 倍体积的无水乙醇,混匀后室温沉淀 2 min,12000 r/min 离心 5 min，置 4 ℃。

6. 小心倒掉上清液,将离心管倒置于吸水纸上,将附于管壁的残余液滴除掉。

7. 用 1 ml 70%乙醇洗涤沉淀物 1 次,12000 r/min 离心 2 min，置 4 ℃。

8. 小心倒掉上清液,将离心管倒置于吸水纸上,将附于管壁的残余液滴除掉,室温干燥。

9. 加入 20 μl ddH$_2$O，重新溶解沉淀物。

（二）DNA 凝胶电泳

Southern 印迹杂交用的 DNA 凝胶电泳与常规方法一样(实验一　动物细胞基因组 DNA 的分离、定量和限制性内切酶消化),不同的是电泳最好在 4 ℃进行,电泳电压为 1～2 V/cm,用 1×TAE 缓冲液,电泳至溴酚蓝指示剂跑至近尾端停止,一般需要过夜。DNA 凝胶用琼脂糖加 1×TAE 缓冲液在微波炉中煮沸、溶解制备,浓度配成 0.6%即可。与平时的 DNA 凝胶电泳不同的是,制备胶的过程中无需加入 EB,电泳和制胶的设备也要求没有 EB 污染,以便后续实验。

向上述酶切完后重新沉淀、溶解的 DNA 中加入 1/6 体积的 6×DNA 上样缓冲液,混匀后上样,同时也点上 Marker,进行 DNA 凝胶电泳。

（三）含 DIG 标记 DNA 探针的杂交液的制备

Southern 印迹杂交用的 DIG 标记的 DNA 探针用常规 PCR 方法就可以制备(实验三　聚合酶链式反应(PCR)体外扩增(克隆)DNA 片段),唯一不同的是要用 10×DNA DIG labeling mix 代替 PCR 中普通的 dNTPs。

1. PCR DIG 标记反应,反应体系如表 9-2 所示。

表 9-2　PCR DIG 标记反应体系

成　分	每 20 μl 反应体系中各成分用量	终浓度
template DNA with sterile water	15.1 μl	0.5 ng/μl
10×PCR buffer	2 μl	1×
10×DNA DIG labeling mix	2 μl	1×
primer 1 (10 mol/L)	0.3 μl	0.15 mol/L
primer 2 (10 mol/L)	0.3 μl	0.15 mol/L
Taq DNA polymerase (5 U/μl)	0.3 μl	0.075 U/μl

94 ℃变性 3 min 后开始以下循环：

• 94 ℃变性反应 30 s；

• 56 ℃退火反应 30 s；

• 72 ℃延伸反应 40 s；

进行 30 个循环；

最后 72 ℃反应 7 min；

16 ℃冷却恒定。

2. DIG 标记的 DNA 探针反应结束后，取出小管内反应液，并转移至 1.5 ml Eppendorf 管内。随后加入 2.5 倍体积的无水乙醇，放置冰上 10 min。

3. 12000 r/min 离心 5 min。

4. 弃上清液。用 200 μl 70%乙醇洗涤沉淀物 1 次，12000 r/min 离心 3 min。

5. 弃上清液。沉淀在室温或通风柜中干燥。

6. 加入 30 μl ddH₂O 溶解。

7. 取 3 μl 样品电泳鉴定结果以及浓度。（3 μl 样品＋2 μl ddH₂O＋1 μl loading buffer 混匀）

8. 其余样品加入 100 μl 预杂交液，100 ℃ 变性 5 min，马上置于冰上。1 min 后将探针用预杂交液稀释至 25 ng/ml，即为杂交液。

（四）将凝胶上的 DNA 转移到尼龙膜或硝酸纤维素膜上

大相对分子质量的 DNA 转膜比较困难，与小相对分子质量的 DNA 一起转时，会出现迁移速度不同步的现象。所以，在转膜前，需要用盐酸处理凝胶，使大相对分子质量的 DNA 水解成小分子的片段，以利于转膜。

1. 取出电泳完的 DNA 凝胶，切去未使用的泳道及上样孔以上部分。

2. 沥干缓冲液，把凝胶放在合适大小的托盘中，加入 10 倍胶体积的水解液，使其浸没，至溴酚蓝变成黄绿色时（约 10 min）将胶取出。

3. 用足量去离子水冲洗。

4. 放入 10 倍胶体积的变性液中浸泡 45 min。

5. 用足量去离子水冲洗。

6. 放入 10 倍胶体积的中和缓冲液中浸泡 30 min。

7. 取出后浸入去离子水中漂洗，顺便轻轻将凝胶在去离子水中翻面，即使较为光滑平整的一面朝上。

8. 准备一个干净的塑料盘注满 10×SSC，上面放置一块洁净塑料板，裁剪出一样大小的三层滤纸置于塑料板上，滤纸两端挂出等量的长度并浸于 10×SSC 中，作为盐桥。

9. 将处理好的凝胶放在上面，依次覆上略大于凝胶的尼龙膜或硝酸纤维素膜和略大于尼龙膜或硝酸纤维素膜的三层滤纸，排去其间气泡。用保鲜膜将整个装置封住，以减少水分挥发，用刀片将滤纸上方的保鲜膜沿着凝胶的内缘轻轻划开，去掉这部分保鲜膜，使下方的滤纸暴露出来。在暴露出来的滤纸上方覆盖厚厚一叠吸水纸，压上一块玻璃板和 500 g 左右重物（图 9-3），放置 24 h 以上。期间须将湿透的吸水纸换掉，并补充托盘内的

10×SSC,保持吸水纸和重物稳定、不翻倒。

图 9-3　Southern blot 示意图

10.24 h 后,将膜取出,在 2×SSC 中稍微漂洗,再将膜与胶接触的面朝上放置在紫外交联仪中交联固定,记为正面。

11.用亚甲基蓝染色液染色数分钟,回收染色液。

12.用去离子水漂洗 3 次。

13.此时可见弥散状的基因组 DNA 以及清晰的 DNA Marker 条带显示在膜上(图 9-4),用铅笔将 DNA Marker 条带描出,以便后续观察。

图 9-4　亚甲基蓝染色后的膜

（五）探针杂交及显影分析

1.将染色后的尼龙膜或硝酸纤维素膜上没有 DNA 的部分裁去,在右上角做好标记,装入杂交管中。

2.按照膜和管子的大小加入适量预杂交液(足够覆盖整张膜的表面),放进 42 ℃ 杂交炉中慢转速预杂交 2 h。

3.回收预杂交液,可重复使用 3 次。换入含有 DIG 探针的杂交液(42 ℃ 预热),放回 42 ℃杂交炉中慢转速杂交过夜。

第 2 天用的所有漂洗溶液都要先 42 ℃预热,漂洗时放入约杂交管一半体积的溶液。漂洗条件一律用 42 ℃及最大转速。

4.回收杂交液,可重复使用 5~10 次。重新加入 2×SSC/0.1% SDS 溶液,放回杂交炉中洗涤 15 min 后弃去,重复 3 次。

5.弃去杂交管里的液体,加入 0.5×SSC/0.1% SDS 溶液,洗涤 15 min。

6.弃去杂交管里的液体,加入 0.1×SSC/0.1% SDS 溶液,洗涤 15 min。

7.将洗好的膜用镊子取出,放在合适大小的杂交盒中,加入 1×封闭液,室温封闭 1 h,摇床轻速(30~50 r/min)摇动。

8.用封闭液稀释碱性磷酸酶(AP)标记的 DIG 抗体至 1∶20000 倍,室温孵育 2 h,摇床慢速(30~50 r/min)摇动。

9.用 1×洗涤剂在室温下清洗膜 6 次,每次 15 min,用摇床最大转速。

10.将膜在检测液中浸泡 3 min。

11.用镊子把膜取出,正面朝上,将其置于 3MM Whatman 滤纸上,把多余的液体吸掉至膜处于半湿状态。

12.准备两张比尼龙膜或硝酸纤维素膜稍大的洁净塑料纸,将半干膜夹在其间,正面朝上。

13.掀开上方塑料纸,把底物 CPD-Star 均匀散布在膜上。将上方塑料纸小心盖回膜上,用干净的吸水纸把多余的底物往外推并吸去,同时把膜和塑料之间的气泡去除。室温条件下放置暗处5~10 min。

14.准备曝光。

六、实验结果与分析

典型条带如图 9-5 所示。

图 9-5　凝胶转膜前(左)与膜杂交后(右)对比

按照不同内切酶的组合,对样品和观察到的条带大小进行数据分析。

七、思考题

1. 转移到膜上的基因组 DNA 与 PCR 后的探针为双链 DNA,如何杂交结合?

2. 如果发觉杂交后膜背景太高无法观察到信号,可考虑改善实验步骤中的哪些步骤?如何改善?

实验十　Northern 印迹杂交

一、实验目的

1. 掌握 Northern 印迹（Northern blot）杂交的基本原理。
2. 操作 Northern 印迹杂交的基本步骤。

二、实验原理

Northern 印迹杂交是一种利用 DNA 探针与 RNA 进行分子杂交来检测特异性 RNA 的技术，主要用来检测特定基因在转录水平上的动态表达。首先，通过琼脂糖凝胶电泳将提取好的 RNA（或 mRNA）混合物，按相对分子质量大小进行分离；其次，将凝胶中电泳分离出来的 RNA 转至尼龙膜或硝酸纤维素膜上，再与放射性或者其他非同位素化学标记的 DNA 探针进行杂交，利用杂交结果可以对特定基因表达量进行定性或定量。Northern 印迹杂交与 Southern 印迹杂交相比，操作步骤相似，基本过程同 DNA 电泳，但是因为 RNA 分子对 RNA 酶的降解作用非常敏感，所以必须用对 RNA 酶有抑制作用的 DEPC 水来配制所有溶液，所有与 RNA 接触的仪器和装置都要严格处理以尽量减少 RNA 酶对样品的降解。另外，因为 RNA 分子的二、三级结构可以影响其电泳结果，只有在完全变性的条件下，RNA 的迁移率才与相对分子质量的对数呈线性关系，因此电泳时应在变性剂存在下进行，常用的变性剂为甲醛和戊二醛。

三、实验器材

一次性手套	移液枪	RNase-free 枪头
RNase-free 1.5 ml 离心管	离心管架	4 ℃离心机（12000 r/min）
PCR 仪	100 ℃干式恒温器	冰盒
微波炉	DNA 和 RNA 电泳仪	UV 照射器
塑料托盘	尼龙膜或硝酸纤维素膜	吸水纸

3MM Whatman 滤纸	剪刀/刀片	塑料板
杂交炉	杂交管	洗脱盒
恒温摇床	塑料纸	曝光仪

四、实验试剂

$10 \times$ DIG 标记的 dNTP 混合物(Roche)

ddH_2O

$10 \times$ PCR 缓冲液

引物

Taq DNA 聚合酶

酚-氯仿-异戊醇（25：24：1）

氯仿-异戊醇（24：1）

7.5 mol/L 乙酸铵溶液

无水乙醇

70％乙醇

$10 \times$ MOPS 缓冲液（0.2 mol/L MOPS, 50 mmol/L NaAc, 10 mmol/L EDTA, pH 7.0）

RNA 变性剂（含 2 μl 10×MOPS, 10 μl 去离子甲酰胺, 3.5 μl 37％甲醛）

$6 \times$ RNA 上样缓冲液

RNA 标准分子量(RNA marker)

琼脂糖

亚甲基蓝染色液（0.3 mol/L NaAc, pH 5.2, 0.03％ 亚甲基蓝）

预杂交液

探针（用预杂交液稀释至 25 ng/ml）

$2 \times$ SSC/0.1％ SDS

$0.5 \times$ SSC/0.1％ SDS

$0.1 \times$ SSC/0.1％ SDS（20×SSC：3 mol/L NaCl, 0.3 mol/L 柠檬酸钠, pH 7.0）

$1 \times$ 封闭液（1％小牛血清，稀释在 MABT 中）

MABT（MAB+0.1％ Tween-20, 10×MAB, 1 mol/L 马来酸, 1.5 mol/L NaCl）

DIG 抗体（用 1×封闭液 1：20000 稀释）

$1 \times$ 洗涤剂（2×SSC/1％ SDS）

$10 \times$ 检测液（1 mol/L Tris·HCl, pH 9.5；1 mol/L NaCl）

底物（CPD-Star, Roche）

五、实验操作步骤

(一)制备 DIG 标记 DNA 探针的杂交液

Northern 杂交用的 DIG 标记 DNA 探针用常规 PCR 方法就可以制备(实验三　聚合酶链式反应(PCR)体外扩增(克隆)DNA 片段),唯一不同的是要用 $10 \times$ DNA DIG labeling mix 代替 PCR 中普通的 dNTPs。

1.典型 PCR DIG 标记反应体系如表 10-1 所示。

表 10-1　典型 PCR DIG 标记反应体系

成　分	每 20 μl 反应体系中各成分用量	终浓度
template DNA with sterile water	15.1 μl	0.5 ng/μl
$10 \times$ PCR buffer	2 μl	$1 \times$
$10 \times$ DNA DIG labeling mix	2 μl	$1 \times$
primer 1 (10 mol/L)	0.3 μl	0.15 mol/L
primer 2 (10 mol/L)	0.3 μl	0.15 mol/L
Taq DNA polymerase (5 U/μl)	0.3 μl	0.075 U/μl

94 ℃变性 3 min 后开始以下循环:

- 94 ℃变性反应 30 s;
- 56 ℃退火反应 30 s;
- 72 ℃延伸反应 40 s;

进行 30 个循环;

最后 72 ℃反应 7 min;

16 ℃冷却恒定。

2.DIG 标记的 DNA 探针反应结束后,取出小管内反应液,并转移至 1.5 ml Eppendorf 管内。随后加入 2.5 倍体积的无水乙醇,放置冰上 10 min。

3.12000 r/min 离心 5 min。

4.弃上清液。用 200 μl 70% 乙醇洗涤沉淀物 1 次,12000 r/min 离心 3 min。

5.弃上清液。沉淀置室温或通风柜中干燥。

6.加入 30 μl ddH$_2$O 溶解。

7.取 3 μl 样品电泳鉴定结果以及浓度。(3 μl 样品＋2 μl ddH$_2$O＋1 μl loading buffer 混匀)

8.其余样品加入 100 μl 预杂交液,100 ℃ 变性 5 min,马上置于冰上。1 min 后将探针用预杂交液稀释至 25 ng/ml,即为杂交液。

(二)RNA 样品的准备(表 10-2)

表 10-2　RNA 样品的准备

成　分	变性体系
RNA	$10 \sim 30 \ \mu g$
RNA 变性剂	$15.5 \ \mu l$

1.65 ℃变性 20 min,立即置于冰上 10 min。

2.加入 5 μl 上样缓冲液,混匀待用。

(三)RNA 变性凝胶电泳及转膜

1.用灭菌去离子水将 10×MOPS 溶液稀释到 1×,加入 1.3%琼脂糖粉末,置微波炉中融化粉末,冷却至 50 ℃ 左右。

2.加入 5.3%(v/v)甲醛,混匀后倾倒至无 EB 污染的制胶模具中,静置冷却,备用。

3.将凝固后的 MOPS 变性胶置于 1×MOPS 电泳缓冲液中,加样并进行电泳,同时加入 RNA 相对分子质量标准液作为参照,以 8 V/cm 的电压进行电泳。电泳结果如图 10-1所示。(上样缓冲液中,溴酚蓝染料的迁移速率与 500 nt 的 RNA 相当;二甲苯青FF 染料的迁移速率与 4000 nt 的 RNA 相当,可据此判断电泳时间)

真核与原核RNA电泳图

1:高质量RNA;2~3:部分降解RNA

图 10-1　RNA 电泳图

4.电泳结束后用灭菌去离子水漂洗凝胶,随后在 10×SSC 溶液中平衡两次,每次15 min。

5.同时准备适当大小的尼龙膜或硝酸纤维素膜和 3 张 3MM Whatman 滤纸,同样在10×SSC 溶液中平衡待用。

6. 准备一个干净白瓷盘（与 Southern 杂交用的分开），上置一块洁净塑料板，裁剪两块大型滤纸重叠置于其上，使滤纸两端挂出至白瓷盘内。在白瓷盘中注满 10×SSC，并使滤纸湿润，成为盐桥。

7. 将凝胶反置其上，随后依次覆上尼龙膜或硝酸纤维素膜和三层滤纸，除去其间气泡。用保鲜膜将整个装置封住，以减少水分挥发，用刀片将滤纸上方的保鲜膜沿着凝胶的内缘轻轻划开，去掉这部分保鲜膜，使下方的滤纸暴露出来。在暴露出来的滤纸上方覆盖厚厚一叠吸水纸，压上一块塑料板和 500 g 左右重物，放置 24 h 以上（图 10-2）。期间须将湿透的吸水纸换掉，并补充托盘内的 10×SSC，并要保持吸水纸和重物稳定、不翻倒。

图 10-2 Northern blot 示意

8. 转膜完成后，将膜正面朝上，置于紫外交联仪中交联固定。

9. 随后用 RNA 亚甲基蓝染色液染色，以检测 RNA 质量及其转移效果。（28S rRNA 的大小为 3000～4000 个氨基酸，18S rRNA 的大小为 1500～2000 个氨基酸，两者的条带亮度以 2∶1 为佳）

10. RNA 要达到高质量的情况下才能往下做杂交，否则杂交效果欠佳，对数据分析有误导，具体情况如图 10-3 所示。

1：微降解RNA样品

2：质量高RNA样品

3：actin 探针杂交后信号成片状

4：actin 探针杂交后信号完整

图 10-3 电泳图及杂交膜

(四)探针杂交及显影分析

1.将染色后尼龙膜或硝酸纤维素膜上没有 RNA 的部分裁去,在右上角做好标记,装入杂交管中。

2.按照膜和管子的大小加入适量预杂交液,以足够覆盖整张膜的表面为宜,放进 50 ℃ 杂交炉中慢转速预杂交 2 h。

3.回收预杂交液,可重复使用 3 次。换入含有 DIG 探针的杂交液(50 ℃ 预热),放回 50 ℃ 杂交炉中慢转速杂交过夜。

第 2 天继续操作。

4.回收杂交液,可重复使用 5～10 次。

5.先用 2×SSC/0.1% SDS 溶液常温洗涤杂交管中的膜两次,每次 10 min。

接着对所有漂洗溶液进行 65 ℃ 预热,漂洗时加入约为杂交管一半体积的溶液。漂洗条件一律用 65 ℃ 及最大转速。

6.杂交管中加入 0.5×SSC/0.1% SDS 溶液后,放回杂交炉中洗涤 15 min,弃液。

7.重复步骤 6。

8.杂交管中加入 0.1×SSC/0.1% SDS 溶液,洗涤 15 min,弃液。

9.重复步骤 8。

随后的实验在室温下进行。

10.将洗好的膜用镊子取出,放在大小合适的杂交盒中,经洗涤缓冲液洗涤 10 min,摇床低速。

11.加入封闭液,封闭 1 h,摇床低速。

12.接着换入含 1∶20000 倍稀释的 DIG 抗体,孵育 2 h,摇床低速。

13.孵育完成后,弃尽溶液,加入洗涤缓冲液洗涤 15 min,用摇床最大转速,弃液。

14.重复步骤 13。

15.将膜在检测液中平衡 5 min。

16.用镊子把膜取出,RNA 朝上,将其置于 3MM Whatman 滤纸上,把多余的液体吸掉,直到膜处于半湿状态。

17.准备两张比尼龙膜或硝酸纤维素膜稍大的洁净塑料纸,将半干膜夹在其间,RNA 朝上。

18.掀开上面那张塑料纸,把底物 CPD-Star 均匀滴加在膜上。把上面那张小心盖回膜上,用干净的吸水纸把多余的底物往外推,同时把膜和塑料之间的气泡去除。室温条件下放置暗处 5～10 min。

19.准备曝光。

六、实验结果与分析

分析杂交结果。典型结果如图 10-4 所示。

图 10-4 杂交结果分析。上图:不同组织 RNA 电泳图;下图:某探针杂交图

七、思考题

1. 如何判断结果中弱杂交信号不是由于 RNA 低质量导致的,即 RNA 降解?
2. Southern blot 与 Northern blot 有何区别?

实验十一　Western 印迹杂交

一、实验目的

了解蛋白质印迹杂交技术的方法和操作要点。

二、实验原理

蛋白质印迹法一般是将 SDS-聚丙烯酰胺凝胶电泳分离的蛋白质分子区带通过一定的方法转移并固定到一种特殊的载体上,使之成为稳定的、经得起各种处理并容易检出的固定化生物大分子。常用的转移方法有电转移、毛细管转移等,常用载体有硝酸纤维素膜(NC 膜)、聚偏二氟乙烯膜(PVDF 膜)、尼龙膜等,它们与生物大分子都是共价结合的。然后通过特异性试剂(抗体)作为探针,对靶蛋白进行检测。蛋白质的 Western 印迹(Western blot)杂交技术结合了凝胶电泳的高分辨率和固相免疫测定的特异敏感等多种特点,可检测到低至 $1\sim5$ ng(最低可到 $10\sim100$ pg)中等大小的靶蛋白。

三、实验器材

电转移设备　　玻璃器皿

四、实验试剂

1.1×转印缓冲液(pH 8.3):5.8 g Tris,2.9 g Gly,200 ml 甲醇,0.37 g SDS,1000 ml ddH$_2$O。

2.丽春红储液:2 g 丽春红,30 g 三氯乙酸,30 g 磺基水杨酸,100 ml H$_2$O,用时 1:9 稀释。

3.TBS:20 mmol/L Tris,150 mmol/L NaCl,pH 7.4(2.4228 g Tris,8.775 g NaCl,

1000 ml H_2O)。

4. TBST:含 0.5% Tween-20 的 TBS(10 μl Tween-20＋20 ml TBS,混匀)。

5. 封闭液:1 g 脱脂奶粉＋20 ml TBST。

6. Tris·HCl:0.05 mol/L,pH 7.6(0.6057 g Tris,100 ml H_2O)。

7. DAB(二氨基联苯胺)显色液母液:DAB 25 mg/ml,NiCl 100 mg/ml。用时:200 μl DAB 母液＋40 μl NiCl 母液＋10 ml 0.05mol/L Tris·HCl(pH 7.6)＋5 μl 30% H_2O_2,快速混匀。(剧毒,注意防护!)

8. 硝酸纤维素膜(NC 膜)或 PVDF 膜。

9. 过硫酸铵(APS)。

10. 四甲基乙二胺(TEMED)。

11. 辣根过氧化物酶(HRP)。

五、实验操作步骤

(一)SDS-聚丙烯酰胺凝胶电泳(SDS-PAGE)分离蛋白质

1. 实际操作

(1)制胶前的准备

1)检查是否有足够的、干净的制胶盒、样品梳子和架子。

2)检查是否有新鲜、足量的 10% APS,没有立刻重配。

3)按将要检测的抗体对应的原始抗原的相对分子质量大小,计算出胶的浓度,并算出分离胶各组分的用量。

(2)制胶、电泳

1)装好架子。

2)按照如表 11-1 所示配方配制分离胶。

表 11-1　配制分离胶的配方　　　(单位:ml,总体积: 8ml)

浓　　度	7.5%	10%	15%
2×separate buffer	4	4	4
30% gel solution	2.0	2.7	4
ddH_2O	1.9	1.2	0
TEMED	8 μl	8 μl	8 μl
10% APS	80 μl	80 μl	80 μl

在胶上面加入一层酒精溶液,促进胶更好地凝集。

3)待分离胶凝集后,按照如表 11-2 所示配方配制浓缩胶。

表 11-2 配制浓缩胶的配方 （总体积:3.5 ml)

浓　度	3%
2×stacking buffer	1.7 ml
30% gel solution	0.35 ml
ddH$_2$O	1.4 ml
TEMED	5 μl
10% APS	50 μl

倒好后插入预先准备好的梳子。

4）待胶凝集好后,上样,电泳。上层胶用 60～80 V 电压;当样品至分离胶时,用 100～120 V电压。一般电泳时间在 1.5 h 左右。

5)考马斯亮蓝染色、脱色。

2.注意事项及常遇到的问题

(1)分离胶不要倒得太满,需要有一定的浓缩胶空间,否则起不到浓缩效果。

(2)上样蛋白量不应超过 30 μg/mm^2。(载荷面计算方法:如果你的胶槽是 5 mm× 1 mm,则载荷面为 1 mm×5 mm＝5 mm^2)

(3)胶通常在 0.5～1 h 内凝集最好,过快表示 TEMED、APS 用量过多,此时胶太硬、易龟裂,而且电泳时容易烧胶;太慢则说明两种试剂用量不够或者系统不纯或失效。

(4)若混合搅拌速度太快,则会产生气泡而影响聚合,导致电泳带畸形;若混合搅拌速度太慢,则不均匀,特别是甘油。

(5)电泳中常出现的一些现象:①条带呈笑脸状︶,原因是凝胶不均匀冷却,中间冷却不好。②条带呈皱眉状︵,可能是由于装置不合适,特别可能是凝胶和玻璃挡板底部有气泡,或者两边聚合不完全。③拖尾:原因可能是样品溶解不好。④纹理(纵向条纹):原因可能是样品中含有不溶性颗粒。⑤条带偏斜:原因可能是电极不平衡或者加样位置偏斜。⑥条带两边扩散:原因可能是加样量过多。

(二)电转移

在电流的作用下,使蛋白质从胶转移至固相载体(膜)上,叫电转移。膜的选择:印迹中常用的固相材料有 NC 膜、尼龙膜、PVDF 等。将凝胶夹层组合放在吸有转移缓冲液

(transfer buffer)的滤纸之间,通过滤纸上吸附的缓冲液传导电流,起到转移的效果(参见图 11-1)。

图 11-1 蛋白质电泳转移示意

一般采用电流 $1\sim2$ mA/cm^2,通常为 100 mA/膜。按照目的蛋白质分子大小、胶浓度选择转移时间,具体可以根据实际适当调整(表 11-3)。

表 11-3 根据目的蛋白质大小、胶浓度选择转移时间

目的蛋白质分子的相对分子质量	胶浓度（%）	转移时间（h）
80000～140000	8	1.5～2.0
25000～80000	10	1.5
15000～40000	12	0.75
<20000	15	0.5

1.具体操作

(1)滤纸和膜的准备(在电泳结束前 20 min 应开始准备工作)

1)检查是否有足够的转移缓冲液,没有立即配制。

2)检查是否有合适大小的滤纸和膜。

3)将膜泡入甲醇中,约 $1\sim2$ min。再转入转移缓冲液中。

4)将合适的靠胶滤纸和靠膜滤纸分别泡入转移缓冲液中。

(2)转移

1)在电转移仪上铺好下层滤纸,一般用 3 层。

2)将膜铺在靠膜滤纸上,注意和滤纸间不要有气泡,再倒一些转移缓冲液到膜上,保持膜的湿润。

3)将胶剥出,去掉浓缩胶,小心地移到膜上。

4)剪去膜的左上角,在膜上用铅笔标记出胶的位置。

5)将一张靠胶滤纸覆盖在胶上。倒上一些转移缓冲液,再铺两张靠胶滤纸。

6)装好电转移仪,根据需要选定所需的电流和时间。

7)转移过程中要随时观察电压的变化,如有异常应及时调整。

2.注意事项及常遇到的问题

1)滤纸、胶、膜之间的大小,一般是滤纸≥膜≥胶。

2)滤纸、胶、膜之间千万不能有气泡,否则气泡会造成短路。

3)因为膜的疏水性,所以膜必须首先在甲醇中完全浸湿。而且在以后的操作中,膜也必须随时保持湿润(干膜法除外)。

4)滤纸可以重复利用,上层滤纸(靠膜)内吸附很多转移透过的蛋白质,所以上下滤纸一定不能弄混,在不能分辨的情况下,可以将靠胶滤纸换新的。

5)转移时间一般为 1.5 h($1\sim2$ mA/cm^2,10％胶),可根据相对分子质量大小调整转移时间和电流大小。

(三)转移后效果的鉴定

一般可用考马斯亮蓝染色、脱色后,看胶上是否还有蛋白来鉴定转移的效果。

(四)抗体结合与显色

1.在转移结束前配好 5％的脱脂奶粉或牛奶(TBST 溶解)。转移结束后将膜放入牛奶中封闭(block)(一定要放在干净的容器里,避免污染,而且要足以覆盖膜),并清洗整理好用过的滤纸,以便下次使用。封闭时,4 ℃过夜,或室温 1 h。

2.孵育一抗

①先将需要检测的抗体准备好,并决定好它们的稀释度。②配好 5％的牛奶(TBST 溶解),按要求稀释好抗体。注意:如需高比例稀释,最好采用梯度稀释。③将稀释好的抗体和膜一起孵育,一般采用室温 1 h,可根据抗体量和膜上抗原量适当延长或缩短时间。注意:为了便于后面分析结果,我们一般会选用已确定相对分子质量大小而且纯度高的抗原作为标示物,且将其与一抗同时孵育。

3.洗涤

先用 TTBS 快速洗 3 次,把牛奶尽快洗掉。然后再慢洗,每次 5 min,共 5 次。洗涤是为了洗去一抗与抗原的非特异性结合,洗涤的效果直接影响结果背景的深浅。

4. 孵育二抗

室温孵育 1 h。一般采用 HRP 标记的二抗,稀释比例为 1∶5000。二抗的稀释比例不能太低,否则容易导致非特异性结合。注意:二抗的选择有多种,要根据一抗来选择抗兔、抗鼠或者抗羊的二抗,以及根据后面的显色条件来选择 HRP、AP 或者 GOD(葡萄糖氧化酶)酶链的二抗或者标记其他探针(如核素等)的二抗。

5.洗涤

先用 TTBS 快速洗 3 次,把牛奶尽快洗掉。然后再慢洗,每次 5 min,共 5 次。洗涤是为了洗去二抗的非特异性结合,洗涤的效果直接影响结果背景的深浅,所以洗涤一定要干净。

6.DAB 显色

也可根据试剂盒说明,对膜进行显色,观察和记录结果。

六、思考题

1.电转移是用什么原理将蛋白质印迹到 NC 膜上的?

2.影响电转移的因素有哪些?

实验十二　　动物细胞间接免疫荧光实验

一、实验目的

1. 掌握倒置荧光显微镜的原理和使用方法。
2. 掌握免疫荧光细胞化学的原理。
3. 掌握免疫荧光镜检技术。
4. 熟悉用间接免疫荧光细胞化学法定位细胞中的目标蛋白。

二、实验原理

免疫荧光细胞化学是利用抗原抗体反应的原理,将已知的抗原或抗体标记上特定荧光色素制成的荧光标志物,再用这种可发出荧光的分子探针对待检测物质进行定位、定性和定量研究。根据抗原抗体反应的结合步骤,免疫荧光细胞化学可分为直接法、间接法、补体法和双重免疫荧光法。

在细胞中形成的抗原抗体复合物上含有荧光素,利用倒置荧光显微镜观察标本,荧光素受激发光的照射会发出明亮的荧光,观察荧光所在的细胞,可测定抗原或抗体的定位和性质。荧光色素是能吸收激发光的光能产生荧光并作为染料使用的有机化合物。有些荧光色素能特异性结合细胞中的物质,如 $4',6$-二脒基-2-苯基吲哚(DAPI)能与 DNA 强力结合,在一定波长下发蓝色荧光,常用于标记细胞核。有些荧光色素可用于标记抗体,常见的有异硫氰酸荧光素(fluorescein isothiocyanate,FITC)、四乙基罗丹明(retraethyl rhodamine)、四甲基异硫氰酸罗丹明(tetramethyl rhodamine isothiocynate,TRITC)等,它们在特定波长的激发光下分别发出黄绿色、橘红色和橙红色荧光。

本实验所采用的方法为间接法,即将荧光色素 FITC 标记在抗原特异性抗体的抗体(第二抗体)上,待未标记的第一抗体与细胞中的抗原结合后,再用 FITC 标记的第二抗体与第一抗体结合,形成"抗原-一抗-荧光二抗"复合物。FITC 在荧光显微镜下经过 $490\sim$ 495 nm 的激发光激发后能发射出荧光。因此,当细胞中形成"抗原-一抗-FITC 二抗"复合物后,可利用荧光显微镜进行照射观察,对抗原进行定位和定量。细胞抗原的每个分子可结合 3～5 个分子抗体,每个第一抗体又可结合 3～5 个 FITC 标记的第二抗体。因此,与直接法相比,间接法的荧光亮度更强,具有较高的灵敏性。

三、实验器材

超净台　　离心机　　移液枪　　荧光倒置显微镜

四、实验试剂

$1\times$PBS 溶液(pH 7.4)

PBST

抗体稀释液(3% BSA 溶液或 1% BSA 溶液)

甲醛

一抗

FITC 标记的二抗

DAPI 染液

五、实验步骤

(一)准备细胞

使用前一天将细胞均匀铺在共聚焦显微镜专用的玻璃底细胞培养皿中,贴壁培养,避免重叠。

(二)实验过程

1.取出贴壁培养的细胞,吸弃培养基。

2.用 $1\times$PBS 溶液洗 2～3 次,每次 5 min。

3.吸弃 PBS,立即用甲醛固定 15 min。

4.用 $1\times$PBS 溶液洗 2 次,每次 5 min。

5.(选做)0.2% Triton X-100 通透 10 min,用 PBS 洗 3 次,每次 5 min。用 TBST 洗 2 次。

6.用含 3% BSA 的 PBS/PBST(现配现用)封闭 1 h 或者 4℃孵育过夜。

7.配制 1% BSA 溶液(用 PBS/PBST 将 3% BSA 溶液稀释 3 倍即可)。

8.用 1% BSA 溶液稀释一抗,配制一抗溶液。

9.吸弃封闭液,加入一抗溶液,孵育 1～2 h。

10.1×PBS/PBST 洗 3 次,每次 5 min。

11.1‰ BSA 溶液稀释 FITC 标记的二抗,配制二抗溶液。

12.加入二抗溶液,避光孵育 1 h。

13.1×PBS/PBST 洗 3 次,每次 5 min。

14.取 DAPI 染液覆盖细胞,避光孵育 5～10 min。

15.吸出 DAPI 染液,用 1×PBS/TBST 洗 3 次,每次 5 min。

16.用荧光显微镜/激光共聚焦显微镜采集数据。

五、实验范例

为了研究家蚕膜结合型蔗糖酶 BmSUH 的细胞定位特性,我们构建了 PIZ-BmSUH 融合质粒。该质粒能编码瞬时表达的 BmSUH 蛋白。将 PIZ-BmSUH 转染至 BmN 细胞 48 h 后,用 anti-BmSUH 进行间接免疫荧光实验。结果显示,BmSUH 的信号(绿色)与标记细胞膜的红色荧光重叠,表明 BmSUH 定位在细胞膜上(图 12-1)。

图 12-1　利用间接免疫荧光实验研究家蚕 BmSUH 在 BmN 细胞中的定位。
二抗为 FITC(绿色)标记的山羊抗兔。使用 WGA-AF 594(红色)
标记细胞膜,并使用 4′,6-二脒基-2-苯基吲哚(DAPI,蓝色)
复染剂观察细胞核(梁燕婷博士提供图片)

六、注意事项

1.从孵育二抗开始,后续步骤须避光进行。

2.抗体使用前需离心、混匀,否则容易出现大的非特异性荧光光点。

3.在实验过程中,培养皿要轻拿轻放,溶液斜吸斜入,避免细胞漂浮起来或被冲洗掉。

图 12-1 利用间接免疫
荧光实验研究家蚕
BmSUH 在 BmN
细胞中的定位

实验十三　实时荧光定量 PCR（qPCR）

一、实验目的

1. 掌握定量 PCR（quantitative PCR，qPCR）基本原理。
2. 理解常规 PCR 与 qPCR 的区别。
3. 操作 qPCR 基本步骤。
4. 分析 qPCR 的 Ct 值和 Melt-curve 数据。

二、实验原理

PCR 是一种对特定的 DNA 片段在体外进行快速扩增，随后在平台期（plateau phase）检测目标序列的一种常规技术（也称为终点检测）（图 13-1）。在增殖过程中，常规 PCR 在基因表达差异检测中存在一个主要缺点，即随着循环数的增加，反应试剂的消耗和抑制物的积累会导致信号过早饱和，无法对样品间作出真正的定量比较。半定量 PCR（semi-quantitative PCR）是在常规 PCR 的基础上，用于克服这个困难的一种传统技术。可是由于这种方法只能检测实验中特定时间点样本之间的差异，因此检测不同基因在不同样本的各种表达情况是非常消耗时间和精力的。

图 13-1　PCR 扩增的三个阶段

　　qPCR 遵循常规 PCR 的三步原理,包括变性、退火和延伸的循环。同时,顾名思义,qPCR 技术并不只是为了扩增目的片段,它的目的是对每一个循环中扩增出来的片段数量作出定量。qPCR 技术有两种基本策略:绝对定量(absolute quantification)和相对定量(relative quantification)。在标准曲线的帮助下(图 13-2),前者对样本中的目的片段数量作出绝对定量(例如,患者血液样本中存在 10 pg 的病毒)。另外,相对定量数据提供的是样本之间存在的相对数量差别(例如,患者 A 的病毒载量是患者 B 的 3.2 倍)。为了抵消样本自带和实验操作中引入的差异,相对定量的 qPCR 实验需要同时扩增管家基因(housekeeping gene)(也称为内参基因,internal control gene),该基因的表达在检测的样本中几乎没有差距(例如,正常病人 vs. 感染患者),以确保比较的准确性。

图 13-2　绝对定量的扩增曲线和标准曲线构建

　　与常规 PCR 的终点检测相比,qPCR 的实时检测通过以下三种手段实现:①荧光剂,例如在扩增过程中插入 PCR 产物的 SYBR 荧光染料;②实时 PCR 仪,qPCR 仪比常规 PCR 仪多了能够激发和捕获荧光的配件和照相机;③计算 Ct 值(threshold cycle)(图 13-3),且能够分析熔解曲线的数据呈现软件。Ct 值是每个反应管内的荧光信号到达设定阈值时所经历的循环数,它代表对目标基因的检测。较低的 Ct 值表明表达量较高,而较高的 Ct 值表明表达量较低。同时,每个反应体系内产物扩增的特异性是由熔解曲线来分析和判断(类似于常规 PCR 产物的凝胶电泳)(图 13-4)。由于每个PCR 产物都有特定的长度(图 13-5),因此多个熔解曲线代表非特异性扩增,包括引物二聚体的形成(图 13-6)。引物的特异性是直接决定 PCR 扩增效率以及基因表达量的因素。

　　一般来说,通过 qPCR 技术生成的数据要在三个先决条件下才是有效和有意义的:①每对引物对应的单一熔解曲线;②管家基因在样品中几乎恒定地表达;③Ct 值小于32～33个循环。

图 13-3　Ct 值定义：每个反应管内的荧光信号
到达设定阈值时所经历的循环数

图 13-4　PCR 扩增条件优化前引物
二聚体的形成（第三泳道）

图 13-5　目的基因的特异性扩增熔解峰（单峰）

注：F—fluorescence，荧光强度；T—temperature，温度

图 13-6   目的基因特异性扩增的熔解峰和引物二聚体

三、实验器材

移液枪   移液枪头   qPCR 板   密封膜

96 孔 qPCR 板/8 孔管离心机   qPCR 仪,如 CFX96（BIORAD）   冰盒

四、实验试剂

SYBR 混合物（如 2×AceQ qPCR SYBR Green Master Mix,VAZYME Biotech）目的基因引物

内参基因引物

模板（如 cDNA）

五、实验操作步骤

1. 检测三个 cDNA 样本（一个未处理＋两个处理）里的 *BMS1* 基因的相对表达量。管家基因（*GAPDH*）作为内对照。每个反应设置三个重复。

2. qPCR 板每个孔中反应物组成如表 13-1 所示。

表 13-1　qPCR 板每个孔中反应物组成

2×AceQ qPCR SYBR Green Master Mix*	10 μl
引物 1（10 μmol/L）	1 μl
引物 2（10 μmol/L）	1 μl
ddH₂O	7 μl
模板 DNA（最后加入管子）	1 μl cDNA（1 μg 总 RNA 的 20 μl 反转录反应）

＊ 包含 dNTPs，含 Mg^{2+} 缓冲液，AceTaq DNA 聚合酶，SYBR Green Ⅰ

3. 将重复实验的混合液提前在 0.2 ml 管子中按重复反应数＋1 的数量配好。按每个反应 20 μl 的量分配到 96 孔 qPCR 板上对应的每一个孔中（图 13-7）。

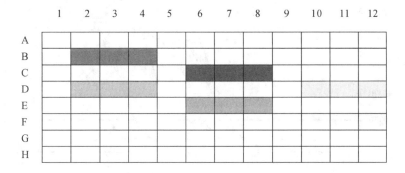

图 13-7　96 孔 qPCR 板示意

蓝：未处理＋*BMS1* 引物；浅蓝：未处理＋*GAPDH* 引物；

红：处理 1＋*BMS1* 引物；浅红：处理 1＋*GAPDH* 引物；黄：处理 2＋*BMS1* 引物；

浅黄：处理 2＋*GAPDH* 引物。同颜色为三次重复

4. 用密封膜将每个孔密封，快速离心，放入 qPCR 仪。

5. 按下列条件进行 qPCR 反应：

预变性 95 ℃ 5 mins；循环反应 95 ℃ 10 s，60 ℃ 30 s，重复 40 次。结束后进入熔解曲线程序。

13-7

六、注意事项

1. 为获得良好的扩增效率和熔解曲线，将扩增子大小设置在 150～300 bp。

2. 在内含子上设置扩增子以避免基因组 DNA 扩增。

3. qPCR 灵敏度极高，建立反应体系时加入模板量的准确程度对最终定量结果会有很大的影响。推荐将模板稀释后加入反应体系中，这样可以有效提高实验的重复性。

4. 由于本品中含有荧光染料 SYBR GreenⅠ，配制反应体系时都应该尽量避免强光照射。

5. 确认程序中是否设置了信号采集步骤，两步法扩增程序应当将信号采集设置在

60 ℃延伸阶段。

6.四侧边孔容易蒸发,尽量避免使用和注意封闭。

七、实验结果

1.每个孔都有独立的扩增曲线(图 13-8)以及产物熔解曲线 (图 13-9)。每一条曲线代表一个样品。

图 13-8　三个模板和两对引物组合,每个组合重复三遍,共 18 个样品的 qPCR
扩增曲线。横坐标为循环数,纵坐标为荧光信号(RFU)

图 13-9　三个模板和两对引物组合,每个组合重复三遍,共 18 个样品的 qPCR
产物熔解曲线。横坐标为熔解温度,纵坐标为转换后的荧光信号

2.大多数 qPCR 机的软件使用 Livak 法进行计算。Livak 法又称 $2^{-\triangle\triangle Ct}$ 法，是利用内参基因进行归一化以达到相对定量的一种应用广泛且简便的方法。该方法假设靶基因和内参基因的扩增效率均接近 100％，且差异均在 5％以内。经过内参基因表达标准化后，给出的结果是测试样本中目标基因相对于对照样本的增加（或减少）倍数。将目标基因的表达归一化为内参基因的表达，可以补偿样本组织数量的差异（图 13-10）。

Well	Fluor	Target	Content	Sample	Cq	Normalized Expression
B02	SYBR	BMS1	Unkn	shNC	22.24	1.033
B03	SYBR	BMS1	Unkn	shNC	22.25	0.905
B04	SYBR	BMS1	Unkn	shNC	22.25	1.069
C06	SYBR	BMS1	Unkn	shBMS1-1	26.36	0.041
C07	SYBR	BMS1	Unkn	shBMS1-1	26.60	0.039
C08	SYBR	BMS1	Unkn	shBMS1-1	26.60	0.036
D10	SYBR	BMS1	Unkn	shBMS1-3	29.70	0.030
D11	SYBR	BMS1	Unkn	shBMS1-3	29.48	0.036
D12	SYBR	BMS1	Unkn	shBMS1-3	29.49	0.034
D02	SYBR	GAPDH	Unkn	shNC	15.97	1.000
D03	SYBR	GAPDH	Unkn	shNC	15.79	1.000
D04	SYBR	GAPDH	Unkn	shNC	16.03	1.000
E06	SYBR	GAPDH	Unkn	shBMS1-1	15.43	1.000
E07	SYBR	GAPDH	Unkn	shBMS1-1	15.63	1.000
E08	SYBR	GAPDH	Unkn	shBMS1-1	15.50	1.000
F10	SYBR	GAPDH	Unkn	shBMS1-3	18.34	1.000
F11	SYBR	GAPDH	Unkn	shBMS1-3	18.38	1.000
F12	SYBR	GAPDH	Unkn	shBMS1-3	18.28	1.000

图 13-10　三个模板和两对引物组合，每个组合重复三遍，共 18 个样品的 Ct（Cq）值
（注：自动合成图中的 Cq 即 Ct）

八、思考题

1.在 qPCR 实验中如何避免基因组 DNA 被污染？

2.引物二聚体如何影响 Ct 值？

3.如果在表达计算中不使用管家基因会有什么影响？

实验十四　动物基因编辑 CRISPR-Cas9 技术

一、实验目的

1. 掌握 CRISPR-Cas9 的基本工作原理。
2. 了解 CRISPR-Cas9 的操作步骤。
3. 学会分析编辑后的 DNA 性质。

二、实验原理

阐明基因功能的两种常用方法是过量产生(也称过表达)或从其自然存在的条件下移除(也称敲低或敲除)基因产物(图 14-1)。虽然这两种方法都涉及短暂(临时)和永久(可遗传)的实验选项,但多年来,功能强大的分子剪刀式基因编辑工具,如锌指核酸酶(zinc finger nuclease,ZFN)和转录激活因子样效应物核酸酶(transcription activator like effector nuclease,TALEN)一直在不断发展,其编辑效率和特异性都一直在提高。

14-1 利用基因编辑技术把斑马鱼体内的酪氨酸酶基因敲除

图 14-1　利用基因编辑技术把斑马鱼体内的酪氨酸酶基因敲除,
以观察肠道微生物状况

　　最早在嗜热链球菌(*Streptococcus thermophiles*)中发现规律成簇的间隔短回文重复(class 2 clustered regularly interspaced short palindromic repeats,CRISPR)可以抵抗病毒入侵,是一种新的微生物免疫系统(1987 年)。转录序列,也称引导 RNA(guide RNA,gRNA)与来自 Cas 家族的核酸酶合作,将其招募到识别位点。gRNA 由两部分组成,与目标序列互补的部分被称为间隔物(spacer),与 Cas 核酸酶结合的部分被称为支架(scaffold)。为了使 Cas 蛋白发挥作用,它还需要一个特定的原间隔序列邻近基序(photospacer adjacent motif,PAM),该基序根据 Cas 基因的细菌种类而变化(图 14-2)。该系统利用切割入侵者的双链 DNA 来定位和攻击匹配的病毒 DNA 序列。随后,这种强大而革命性的 RNA-DNA 配对系统很快被科学家们用于从大肠杆菌到人类细胞的基因组编辑。最终,发明 Cas9-CRISPR 技术的三位伟大的科学家于 2020 年被授予诺贝尔化学奖。

图 14-2　Cas-CRISPR 系统的基因编辑功能从 gRNA 和 Cas9 蛋白的结合开始,
随后 Cas9:gRNA 复合体被招募到靶点+PAM 序列进行切割

　　Cas9-CRISPR 系统在斑马鱼模型中被广泛应用于构建失去特异性蛋白,而后产生的基因突变体用于研究基因功能。当 Cas9 蛋白将双链断裂引入基因组时,细胞内的一种修复系统,即非同源末端连接(non-homologous end joining,NHEJ)被激活。在无模板的不完美修复过程中,会在裂解位点引入随机插入和缺失(insertions and deletions,

INDELS),导致序列不再类似于原始序列。最终,蛋白质的阅读框被改变,并且在蛋白质翻译过程中不可避免地出现终止密码子,导致最终合成的蛋白质无功能,从而引起基因突变(特定 gRNA 目标基因)。另外,使用预先设计的修复模板,也可以通过细胞内的同源重组(homology directed recombination,HDR)介导的修复来实现基因组中插入外源序列(图 14-3)。

图 14-3　利用 Cas9-CRISPR 技术激活细胞里的两个 DNA 损伤修复途径——NHEJ 和 HDR

自发现以来,通过产生核酸酶缺陷的 Cas9 蛋白,称为死 Cas9 或 dCas9,该系统的应用已经扩展到基因编辑之外。与基因组工程的永久敲除不同,CRISPR/dCas 系统通过两种独立技术的发展触发基因表达的可逆调节,其中转录抑制过程称为 CRISPR 干扰(CRISPR interference,CRISPRi),转录激活过程称为 CRISPR 激活(CRISPR activator,CRISPRa)。迄今为止,CRISPR/dCas 系统已被广泛应用于基因编辑以外的领域,用于调节多个基因的表达并鉴定其细胞功能,在生物技术和医学生物学领域发挥了前所未有的关键作用。

在本实验中,我们主要通过 Cas9-CRISPR 系统构建斑马鱼基因突变体。

三、实验器材

移液枪　　　　　移液枪头(RNase-free)　　　0.2 ml/1.5 ml 离心管 (RNase-free)

离心机	水浴锅	PCR 仪
DNA 电泳槽	显微镜/显微注射设备	冰盒

四、实验试剂

PCR 试剂	PCR 纯化试剂盒	转录试剂
LiCl	无水乙醇	75％乙醇
RNase-free 水	Cas9 蛋白	酚红
内切酶		

五、实验操作步骤

(一)设计 gRNA

1.目标序列

登录 http://www.ensembl.org/index.html。靶基因序列应由不包括 5′UTR 和 3′UTR序列的外显子组成。目标序列应为 GNNNNNNNNNNNNNNNNNNNNNGG(N 代表 A/T/G/C)。NGG 是 PAM 序列。目标序列应为 18～21 bp,不包括 PAM 序列)。目标序列应包含所需的限制性内切酶酶切位点。

2.限制性内切酶酶切位点

限制性内切酶酶切位点应靠近 PAM 序列。该位点在 PCR 产物中只能出现一次。

3.设计突变鉴定 (identification,ID)PCR 引物

检测 gRNA 效率的 ID 引物设计在基因组 DNA 序列上,扩增产物包含 gRNA 的目标序列。注意:酶识别位点应大致位于 PCR 产物的中间,以便能够清楚地区分消化产物和未消化产物。

4.设计 gRNA 合成引物

如果选择 gRNA(GNNNNNNNNNNNNNNNNNNNNNGG)作为目标序列,那么 gRNA 正向引物应为 ATAATACGACTCACTATAGNNNNNNNNNNNNNNNNNNNNNGTTTT AGAGCTAGAAATAGC。

正向引物:T7 (18～21 bp)＋靶序列(20 bp)＋gRNA 支架。

反向引物:AGCACCGACTCGGTGCCACT。

(二)gRNA 的体外合成(RNase-free 操作)

gRNA 支架已克隆到 pMD 19-T 载体(TaKaRa:D102A)(氨苄素耐药性)。

用于合成特定 gRNA 的双链 DNA（gDNA）首先使用引物进行扩增,引物序列如上所述。PCR 产物纯化后,使用 T7 RNA 聚合酶合成 gRNA。接下来用 DNase Ⅰ 酶处理去除 gDNA 模板,纯化后准备显微注射。

1.转录反应

5×缓冲液	4 μl
DTT	2 μl
T7 RNA 聚合酶	0.5 μl
10 mmol/L NTP	1 μl
模板(gDNA)	1 μg
RNase-free H_2O	总量 20 μl

2.混匀,37 ℃孵育 2h。

注意:首先以 gDNA 载体为模板进行 PCR 扩增时,20 μl/管×10 管是所需的最小量。转录前用 PCR 清洗试剂盒纯化 PCR 产物(200 μl)。

3.转录反应结束后,加入 1 μl DNase Ⅰ,37 ℃消化 DNA 模板 30 min。

4.加入 2.5 μl 4 mol/L LiCl 溶液和 75 μl 无水乙醇,拌匀,置于−20 ℃过夜。

5.第二天,13000×g 离心 10 min。抽吸上清液并用 75%乙醇洗涤沉淀 2 次。

6.尽可能彻底地抽吸上清液。在 65 ℃下烘干沉淀物 30 s～1 min,直到 75%乙醇蒸发完。

7.加入 10 μl RNase-free H_2O 溶解 gRNA。抽取 1 μl gRNA 进行浓度测定,回收后进行 DNA 凝胶电泳,检查 gRNA 的完整性。

(三)显微注射(RNase-free 操作)

基因编辑混合物包括:

酚红	0.4 μl
NLS-Cas9 核酸酶(100 ng/μl)	0.8 μl
gRNA	≥600 ng
RNase-free H_2O	总量 2 μl

注射到 1 细胞期的野生型胚胎中。

(四)对 F0 胚胎进行限制性内切酶酶切筛选突变

1.对 24 hpf(hours post fertilization,受精后小时)斑马鱼胚胎进行碱裂解:先加入 20 μl 溶液Ⅰ(pH 12),95 ℃ 孵育 30 min 后,再加入 20 μl 溶液Ⅱ(pH 5)。

【溶液Ⅰ:25 mmol/L NaOH,0.2 mmol/L EDTA,调节 pH 至 12.0。溶液Ⅱ:

40 mmol/L Tris·HCl,调节 pH 至 5.0。】

2. 以裂解液为模板,用 ID 引物进行 PCR。扩增同时含有 gRNA 靶点和限制性内切酶酶切位点的基因组区域。

3. 用设计时选定的内切酶消化 PCR 产物。设置两组对照:未注射胚胎组,分为无内切酶组(用来确保 PCR 反应成功以及提供 PCR 产物在酶切之前片段大小信息)和有内切酶组(确保内切酶有活力)。未被酶消化的样品总数/样品总数=gRNA 突变效率。

(五)测序测定 F1 代 Cas9/gRNA 突变性质

一般优先筛选带非三倍数 INDELS 的突变体(移码突变体),带三倍数突变体可以检查影响区域是否坐落在蛋白的重要功能或者结构区域。

注意:

1. 几百种限制性内切酶的价格不一,尽量挑选常用、性价比高、在 PCR 产物里只切一次的内切酶。

2. 制备 gRNA 以及显微注射过程全程 RNase-free 操作。

3. 如果初步筛选发现 gRNA 效率低于 50%(即 10 个 F0 个体里,只有 5 个有突变),重新设计高效率 gRNA。或者一般实验开始前就设计两条 gRNA,确保高效 DNA 编辑,获取不同突变性质的 F0(比如-50 bp 或者-1+5 bp)。

4. 如果获取到的突变性质大于±5 bp,可以利用高分辨率 DNA 电泳(3.0% gel)观察 PCR 产物的大小进行鉴定实验。注意:使用高分辨率 DNA 电泳鉴定的话,必须重新设计 ID 引物,确保 PCR 产物落在 100~200 bp 以确保分辨率。

六、实验结果

我们主要关注通过 Cas9-CRISPR 系统构建斑马鱼基因突变体。突变成功概率可以通过将特定区域的 PCR 产物先用限制性内切酶处理后跑电泳(图 14-4),或者将 PCR 产物直接跑电泳(图 14-5),随后观察 PCR/酶切产物大小来计算。经过初步筛选后,具体的突变信息可以通过将突变的 PCR 产物进行测序获取。接着通过与野生型的片段序列比较,突变体片段上缺失的碱基以横杠表示,而插入的碱基以红色字母表示,最终体现出某一个突变个体经过编辑后的整体突变性质(图 14-6、图 14-7)。

图 14-4　对 48 个 F2 胚胎的 PCR 产物进行内切酶酶切鉴定

1.纯合突变体,两条染色体都没被切开;2.杂合突变体,只有一条染色体保留
酶切位点;3.野生型:两条染色体都完整,没被破坏(DNA 胶浓度:1.5%)

图 14-5　对 24 个 F1 成鱼的 PCR 产物直接进行 DNA 电泳鉴定

1.杂合突变体,一条染色体经编辑后获得+10 碱基;2.野生型:两条染色体
完整,大小一致(DNA 胶浓度:3.0%)

图 14-6　测序结果显示,跟野生型序列(第一行)比较,一系列 cdkn1 突变体
有好几种突变性质(扫描二维码见彩图,分析软件是 Lasergene)

图 14-6 突变性质

图 14-7 一系列 cdkn1 突变体的测序峰图（扫描二维码见彩图，分析软件是 Chromas）

图 14-7 突变体的测序峰

七、思考题

1. −10+5 bp 与−5 bp 的碱基突变性质是否一样？

2. 在 F0 代是否能够获得突变体纯合子？为什么？

3. 针对一个突变，胚胎与成鱼鉴定出来的结果是否必须一样？为什么？

实验十五　动物原代干细胞的分离、培养和诱导分化

一、实验目的

1. 提取有正常增殖分化能力的动物原代干细胞。
2. 研究哺乳动物干细胞的分化过程以及分化因子对细胞分化的影响。

二、实验原理

提取纯度高、活力好的动物原代干细胞是进行动物细胞实验的基础,而这些细胞活化进而分化后即失去细胞干性,从而无法永久性持续增长,使得细胞传代能力与分化能力面临着诸多挑战。

胶原酶是一种蛋白酶,其可以切割 Pro-X-Glyc-Pro 序列(常见于胶原蛋白)中的中性氨基酸(X)与甘氨酸之间的键。在蛋白酶中,只有胶原酶能够降解常见于皮肤、肌腱、血管和骨骼等结缔组织中的三螺旋天然胶原纤维。胶原酶解聚蛋白种类较多,使用于不同种类的动物组织原代细胞的提取,而且胶原酶相对温和,在生理温度和 pH 值条件下具有良好的解离能力,无须机械搅拌或特殊设备。因此,胶原酶消化法被广泛应用于动物原代干细胞的分离提取中(表 15-1)。

表 15-1　不同胶原酶类型的适用范围

胶原酶类型	适用范围
胶原酶Ⅰ	适用于上皮、肺、脂肪和肾上腺组织细胞的分离
胶原酶Ⅱ	适用于肝、骨、甲状腺、心和唾液腺组织细胞的分离
胶原酶Ⅲ	对所有哺乳动物组织均有消化作用
胶原酶Ⅳ	适用于消化多种组织
胶原酶Ⅴ	适用于胰腺小岛组织的分离

细胞分化通常有物理刺激、化学制剂、生物工程三大类诱导方法。细胞分化因子是指在生物体发育中使细胞和组织结构独特化和专一化的过程中,涉及细胞内分化和细胞间

分化两个层次的一大类调控因子,可以通过在细胞培养液中加入不同种类的细胞分化因子并检测分化状态,以对不同分化因子对细胞分化的影响做横向对比。

三、实验器材

超净台	离心机	移液枪
显微镜	PCR 仪	细胞筛
0.2 μm 滤器	剪刀	镊子
培养瓶	六孔板	保鲜膜

四、实验试剂

胶原酶	胎牛血清	DMEM 培养基
双抗	75%乙醇	PBS 溶液

五、实验操作步骤

1. 胶原酶溶液的配制

选取与目标组织对应的胶原酶类型,将胶原酶以 2 mg/ml 浓度融入 PBS 溶液中,其中包含 1%双抗和 10%胎牛血清(FBS)。溶解后通过 0.2 μm 滤器过滤。2. 细胞培养液的配制

将胎牛血清与双抗分别以 10%和 1%的比例融入 DMEM 培养基中。

3. 胶原酶消化反应步骤

(1)将实验小鼠在保鲜膜上处死后,使用消毒过的剪刀和镊子取得目标组织。

(2)将目标组织用预冷 4 ℃的 PBS 溶液漂洗数次后,浸泡在装有 75%乙醇的烧杯内,然后通过传递柜运入细胞房超净台,挑选干净的组织剪成 1~2 mm 小块。

(3)将组织块放入六孔板中加入 30~50 倍体积的胶原酶溶液,若体积大可转入烧瓶。

(4)将六孔板(或烧瓶)放入 37 ℃水浴或者 37 ℃孵箱内,每隔 3 min 振摇一次,如能放在 37 ℃的恒温振荡水浴箱中则更好。消化时间与组织的类别很有关系,对于某些肿瘤组织或其他较致密结缔组织,消化时间 4~48 h,对于容易消化的组织可以采用 37 ℃振荡消化 15~45 min,也可以根据具体情况而定。如组织块已分散而失去块的形状,一经摇动即成细胞团或单个细胞,可以认为已消化充分。上皮组织经胶原酶消化后,由于上皮细胞对此酶有耐受性,可能仍有一些细胞团未完全分散,但成团的上皮细胞比分散的单个上皮细胞更易生长,因此,如无特殊需要可以不必再进一步处理。

(5)收集消化液(有时含个别组织块及没有充分消化的组织碎屑则需用 100 目不锈钢

网过滤），1000 r/min 离心 5 min，去除上清，用 Hanks 液或者无血清培养液离心漂洗 1～2次，去除上清，加培养液制成细胞悬液，接种培养瓶。将培养瓶放入 37 ℃、5% CO_2 环境中培养，通过肉眼观察细胞液颜色是否正常变黄，用显微镜观察细胞形态，确保为原代细胞未被污染，保持细胞增殖 1～2 天达到 80% 以上密度。

4.细胞传代培养

（1）观察细胞，待细胞生长至 90%～95% 即可进行传代操作。

（2）提前 30 min 将培养基（4 ℃）、PBS（4 ℃）以及分装好的胰酶（1 ml/管，−20 ℃）取出回温至室温。

（3）消化：将用 75% 酒精喷洒擦拭灭菌后的培养基、PBS、胰酶（外包装）以及废液缸，置于超净工作台内，点燃酒精灯，从培养箱取出细胞培养瓶，弃去培养基，加 PBS 洗 2～3 次，加入 1 ml 胰酶，拧紧瓶盖，置于 37 ℃培养箱 2 min 左右（具体情况视具体细胞而定），取出置于显微镜下观察，可见几乎所有细胞呈立体、圆润状。弃去胰酶，缓慢加入 PBS 1～2 ml，洗一次后，加入 4 ml 细胞培养液，反复缓慢吹吸至显微镜下观察，细胞完全脱落、散开。

（4）取出 2 ml 消化完成后含细胞的细胞培养液转移至新的细胞培养瓶中，往两瓶培养瓶中各加入 3 ml 细胞培养液，即补充培养基总体积至 5 ml。微微缓慢晃动至显微镜下细胞均匀分散在细胞培养瓶内。

（5）瓶身标记好信息，瓶口灭菌后转入培养箱继续培养。

5.分化因子处理

将不同类型的分化因子添加到细胞培养基中，使其接触到干细胞。每个分化因子的浓度需要进行一系列预实验来确定。将培养皿放回孵化箱，保持细胞生长 1～2 天，根据需要可以增加培养时间。使用显微镜观察细胞的形态变化、增殖情况和其他特征。一些分化因子可能会导致细胞发生新的形态变化，如颜色变化、形状变化等。记录所有的发现，进行数据收集并统计。

对特定基因的表达进行检测，提取经过分化处理后的细胞 RNA，确定特定基因的引物序列，使用 PCR 技术检测特定基因的表达情况。

六、注意事项

1.在实验过程中，需要遵循严格的无菌操作技术和实验室安全规范。

2.分离原代细胞时避免消化时间过长，否则会导致原代细胞活性降低。

3.培养原代细胞时，昆虫细胞培养不需要 CO_2；实验中周期性关注细胞增殖情况，确保提取细胞的活性。

4.诱导分化过程中应该关注适宜的时间点和信号条件，以最大限度地保持干细胞的生命周期和分化品质。

附录　实验范例:利用新生仔猪背最长肌制取猪原代肌肉干细胞

1.1　骨骼肌卫星细胞的培养

取 1 日龄仔猪背最长肌,无菌状态下剪碎为肉糜状;用浓度为 0.2％的 I 型胶原酶消化 90 min,0.25％的胰蛋白酶 37 ℃消化 30 min。经终止消化、过滤、重悬后将分离得到的细胞置于 37 ℃、5％ CO_2 细胞培养箱中培养。用差速贴壁法纯化,反复两次;当细胞密度达 70％～80％时可对细胞进行传代或冻存处理。骨骼肌卫星细胞随培养时间的不同呈现不同的形态(图 15-1)。

图 15-1 骨骼肌
卫星细胞培养
过程

图 15-1　骨骼肌卫星细胞培养过程

A. 刚分离的骨骼肌卫星细胞呈球形,折光性强;B. 部分卫星细胞开始细胞贴壁,向四周延展;C. 分离培养 48 h 的卫星细胞呈梭形或纺锤形;D. 分离培养 72 h 的卫星细胞数量增加,出现汇合;E. 细胞生长至 70％时的形态;F. 培养 5 d 后细胞拉长变细,呈有规律排列;G. 培养 7 d 后卫星细胞自发融合,形成多核肌管;H. 复苏第 3 次传代后冻存的骨骼肌卫星细胞

1.2　原代干细胞定性

以卫星细胞标志基因 *Pax7*、*MyoD* 定性肌肉干细胞。

利用细胞免疫荧光技术检测 P2 代的 *Pax7*、*MyoD* 的蛋白质表达情况(图 15-2),并绘制卫星细胞生长曲线;分别添加不同诱导分化液使卫星细胞定向分化为肌细胞、脂肪细胞、成骨细胞,检测成肌分化标志基因 *MHC* 的免疫荧光,鉴定卫星细胞肌管形成情况;油红 O 染色及油红 O 定量鉴定卫星细胞诱导成脂分化效果;茜素红染色鉴定卫星细胞成骨

分化能力,qRT-PCR 检测成肌、成脂、成骨进程中关键基因的表达。

图 15-2 骨骼肌
卫星细胞免疫
荧光鉴定

图 15-2　骨骼肌卫星细胞免疫荧光鉴定

A. *Pax7* 呈阳性表达;B. DAPI 染色细胞核;C. A 与 B 叠加图片;

D. *MyoD* 呈阳性表达;E. DAPI 染色细胞核;F. D 与 E 叠加图片

1.3　骨骼肌卫星细胞成肌诱导

利用 2% HS(马血清)对骨骼肌卫星细胞诱导成肌分化,加入诱导成肌分化液,48 h 后可见细胞融合并出现少量短粗肌管(图 15-3A)。随后,细胞融合更加广泛,形成大量多核肌管(图 15-3B)。继续诱导至 4 d,显微镜下观察可见肌管相互融合,且肌管之间平行排列(图 15-3C)。肌重链肌球蛋白(MHC)细胞免疫荧光染色结果为阳性(图 15-3D),DAPI 染色可见肌管内存在多个细胞核(图 15-3E),表明本实验卫星细胞成肌诱导成功(图 15-3F)。

图 15-3 骨骼肌卫星
细胞成肌诱导分化
及免疫荧光染色

图 15-3　骨骼肌卫星细胞成肌诱导分化及免疫荧光染色

A. 诱导 48 h,骨骼肌卫星细胞融合出现少量肌管;B. 诱导 72 h,肌管数量增多;C. 诱导 4 d 后,肌管之间相互融合;D. 分化后细胞,对 MHC 染色,呈现免疫荧光;E. DAPI 染核;F. D 和 E 叠加图片

1.4　骨骼肌卫星细胞成脂诱导

取 P3 代骨骼肌卫星细胞接种于六孔板,当细胞培养至 80% 融合时,更换完全培养基为成脂诱导分化液(10% FBS＋5 μg/ml 胰岛素＋1 μmol/L DEX ＋0.5 mmol/L IBMX＋1 μmol/L 罗格列酮＋1%双抗＋DMEM)诱导 3 d,之后改用成脂诱导维持液(10% FBS＋5 μg/ml 胰岛素＋1%双抗＋DMEM)维持 9 d。每隔 3 d 更换新鲜诱导维持液。

选取 P3 代细胞诱导成脂分化 72 h 后发现,细胞形态由梭形变为三角形或多边形(图 15-4A)。诱导 6 d 后,显微镜下可见细胞质逐渐透亮,有少量脂滴出现(图 15-4B)。继续诱导至 9 d,可见细胞逐渐变圆,体积增大,脂滴数量明显增多(图 15-4C)。随着时间的延长,诱导 12 d 后,脂滴聚集融合形成大脂滴(图 15-4D)。用油红 O 分别对诱导 3、6、9 和 12 d 的卫星细胞染色,结果可见大小不等的红色葡萄样脂滴(图 15-4E～H),肉眼观察培养板底部也出现红色沉淀(图 15-4I～L)。

图 15-4 骨骼肌卫星细胞成脂诱导分化及油红 O 染色

图 15-4　骨骼肌卫星细胞成脂诱导分化及油红 O 染色

A～D.分别为成脂诱导 3、6、9、12 d 的骨骼肌卫星细胞形态学观察结果(100×);

E～H.诱导细胞油红 O 染色,脂滴呈红色(100×);

I～L.肉眼观察诱导后培养皿底可见红色沉淀

1.5　骨骼肌卫星细胞成骨诱导

在成骨诱导培养基中培养 7 d 后(成骨诱导培养基组成为 10% FBS+10 mmol/L
β-甘油磷酸钠+0.1 μmol/L DEX+50 mg/L 抗坏血酸+1%双抗+
DMEM 高糖培养基),卫星细胞逐渐收缩变为不规则形态(图 15-5A)。
诱导 14 d 后,细胞部分复层生长,细胞间可见钙化沉淀(图 15-5B)。继
续诱导至 21 d,细胞立体感增强,出现大量矿化结节(图 15-5C)。茜素
红染色可见随着分化时间的延长,呈圆形不透明的钙化结节数量和密
度都明显增加(图 15-5D~E)。染色后培养皿底部也出现了颗粒状沉
淀,进一步表明成骨诱导成功(图 15-5F~G)。

图 15-5 骨骼肌卫星
细胞成骨诱导分化
及茜素红染色

图 15-5　骨骼肌卫星细胞成骨诱导分化及茜素红染色

A~C.成骨诱导 7、14、21 d 卫星细胞显微镜下观察结果(100×);

D~F.茜素红可将诱导后细胞形成的钙化结节染成红色(100×);

G~I.肉眼观察诱导后皿底出现红色沉淀结节

(以上实验数据和图片,由山西农业大学动物科技学院秦本源、曹果清老师提供)

实验十六　诱导多能干细胞(iPScells)的制作

一、实验目的

1.通过病毒载体诱导法制作诱导多能干细胞。

2.对比不同小分子化合物或 siRNA 对诱导效率的影响。

二、实验原理

2006 年,Takahashi 和 Yamanaka 研究小组利用逆转录病毒载体,将 4 种基因转录因子转染到小鼠成纤维细胞中,在体外使已分化的成体细胞诱导成为胚胎干细胞样的多功能干细胞,即诱导多能干细胞(iPScells),并将该技术命名为 iPS 技术。iPS 细胞具有可重新编程的特性,是细胞治疗和组织工程等研究领域的重要资源。

诱导 iPS 细胞产生的技术手段,主要有载体诱导、小分子化合物诱导、蛋白质分子诱导、siRNA 诱导四种。其中,载体诱导技术作为最初的技术诱导效率仅有 0.01% 左右,而在诱导过程中的培养基中添加一些小分子化合物能够促进受体细胞的重编程并显著提高 iPS 的诱导效率,也可以通过影响特定的信号通路,使诱导过程中产生的中间过渡型细胞和部分重编程的细胞转化为稳定的完全的多能干细胞。目前的技术尚无法实现完全采用小分子化合物诱导法得到 iPS 细胞。为避免病毒与外源基因对制得 iPS 细胞产生负面影响,蛋白分子诱导法被引入 iPS 技术中。由于蛋白质在细胞内部不稳定而无法发挥持续作用,因此需要对受体细胞进行多次蛋白处理才能成功完成诱导,效率较低且所需时间较长;siRNA 在诱导技术上的应用与小分子化合物类似,可以替代某些诱导因子以提高 iPS 诱导效率。

三、实验器材

移液枪　　超净台

四、实验试剂

胰蛋白酶	明胶	聚凝胺
DMEM 培养基	胎牛血清	平衡盐溶液
病毒质粒包裹转染系统		

五、实验步骤

(一)受体细胞的选择

iPS 技术虽然在不同物种的多种细胞上都取得了成功,但是不同的受体细胞、不同的细胞状态及其传代数,对于诱导的效率,甚至诱导是否能取得成功都有一定的影响。不同受体细胞对于诱导效率的差异至今仍没有确切的解释,但是从 iPS 诱导的过程考虑,这可能是由于不同受体细胞间的表观遗传修饰的差异引起的,克隆出现的时间与受体细胞种类和年龄决定的转染因子数量有关。由于取材和培养操作步骤简便,原代成纤维细胞仍然是 iPS 诱导中最常用的受体细胞。同时,为了确保受体细胞的增殖活力,尽可能使用低代数(3~5代)的原代细胞进行诱导(原代细胞的采集方案参考实验十五:动物原代干细胞的分离、培养和诱导分化)。

(二)外源转录因子的导入

iPS 诱导的起始是将外源基因或者外源基因的表达产物导入受体细胞内,使其在受体细胞内启动早期胚胎基因组的转录表达。将 $6×10^5$ 个分离纯化的原代成纤维细胞用 35 mm 明胶覆盖处理,在含 10% FBS 的 DMEM 中培养,第 2 天加入聚凝胺,终浓度为 5 $\mu g/ml$。采用包含 4 种干性转录因子(Oct4、Sox2、Klf4、c-Myc,OSKM)的单病毒质粒包裹转染系统对原代成纤维细胞进行转染,转染时间约 16 h。转染 24 h 后,用未加聚凝胺的成纤维细胞培养基换液。48 h 后,用无血清细胞培养基换液。该实验可以通过在培养基中加入不同类型的小分子化合物以比较其对诱导效率的促进作用。

(三)诱导后受体细胞的培养与筛选

在外源因子导入细胞后,掌握好对被诱导的受体细胞进行长期的体外培养至关重要。将导入外源基因或其表达产物后的受体细胞接于饲养层后,第 2 天换成相应的 ES 细胞(胚胎干细胞)培养液,之后每隔 24~48h 换液,直至 ES 样克隆出现。

iPS 诱导是一个渐进的过程,而多能性基因表达的开启需要一定的时间,在诱导时利用药物筛选可能会杀死部分潜在的重编程细胞,从而降低了诱导效率。由 Oct4 或 Nanog 启动子驱动的绿色荧光蛋白(GFP)作为报告基因,筛选得到的 iPS 细胞较 Fbx15 筛选得到的 iPS 细胞更接近 ES 细胞,且不会对重编程细胞造成损害。

(四)iPS 细胞的表观遗传学检测

诱导得到的 iPS 细胞一般需要以相应物种的 ES 细胞为参照标准,从分子、细胞和动物个体水平对其进行系统的检测。

分子水平:可以通过 RT-PCR 检测 *Oct4*、*Sox2*、*Nanog*、*Rex1*、*SSEA1*、*SSEA3*、*SSEA4*、*TRA-80-1* 等基因的表达情况来确认 iPS 细胞是否诱导成功。

细胞水平:iPS 细胞的形态与 ES 细胞相类似,具体表现为细胞呈集落样生长、集落致密且边缘整齐、细胞形态较小、核质比高、增殖迅速、倍增时间短、能够长期传代。

动物水平:对 iPS 细胞在免疫缺陷鼠体内进行成瘤实验。将 $1\times10^{6} \sim 5\times10^{6}$ iPS 细胞注射到裸鼠的皮下,经过一段时间的生长,来观察皮下畸胎瘤形成的变化。

六、注意事项

1.操作环境必须无菌,并且组织必须在体内和体外之间迅速处置。

2.不同的复合物对复编程结果有很大的影响,因此所选用复合体的成分应该是可靠的,并根据实验目的进行优化。

3.筛选时应严格按照实验所述的标志物和指标来选择,否则不能得到有效的 iPS 细胞筛选和分离。

附录　实验范例:诱导猪神经干细胞生成猪 iPS 细胞

1.1　以成纤维细胞和神经干细胞(neural stem cell,NSC)为目的细胞,分别加入 4 质粒系统转染得到的病毒液来诱导生成猪 iPS 细胞。神经干细胞的诱导结果阐述如下:在相差显微镜下观察发现,病毒感染后第 2 天,细胞形态发生明显变化,诱导第 6 天 NSC 开始贴壁,细胞集落边缘清楚,表面光滑,结构致密,细胞之间界线不清楚,感染后第 10 天,可见 ES 细胞样克隆边缘,第 14 天可见 ES 细胞样克隆,如图 16-1 所示,A 为诱导 6 d 的细胞,B 为诱导 8 d 的细胞,C 为诱导 10 d 的细胞。

图 16-1 猪 NSC 诱导
iPS 细胞生长
情况（100×）

图 16-1　猪 NSC 诱导 iPS 细胞生长情况（100×）

1.2　影响猪类 NSCs 建系的主要因素

影响猪类 NSCs 建系的主要因素之一是饲养层细胞的类型，目前被广泛使用的是小鼠胎儿成纤维细胞（mouse embryonic fibroblasts，MEF），很多实验室也使用猪胎儿成纤维细胞（porcine embryonic fibroblasts，PEF）作为饲养层细胞。第 16 天挑取克隆，扩大培养，第 18 天 PEF AKP 检测均为阴性，饲养层细胞不着色，如图 16-2 所示。注：AKP 是指在碱性条件下催化蛋白质肽键水解的酶类。

图 16-2 不同倍数
显微镜下猪 NSC
诱导 iPS 细胞
生长情况

图 16-2　不同倍数显微镜下猪 NSC 诱导 iPS 细胞生长情况

A、B、C. 分别在 40×、100×、200× 显微镜下观察 iPS 细胞的生长情况；

D、E、F. 单层贴壁的神经细胞诱导的干细胞（N-iPSc）（100×）

1.3　导入基因在 iPSc 中的表达

4′,6-二脒基-2-苯基吲哚（DAPI）是一种能够与 DNA 强力结合的荧光染料，常用于荧光显微镜观测。用 DAPI 对诱导生成的 iPS 细胞进行染色后可在荧光显微镜下观察到显示出的荧光。图 16-3 即为以 OCT3/4 为例观察到的荧光显色情况。

图 16-3　OCT3/4 在猪 iPS 细胞中表达(100×)

A、E. DAPI 染色剂的显色情况；B、F. 未染色的 OCT 本身的显色情况；

C、G. DAPI 染色的 OCT 显色情况；D、H. 相差对照

图 16-3 OCT3/4
在猪 iPS 细
胞中表达

1.4　iPS 细胞遗传稳定性检测

对 NSC 诱导 iPS 细胞的整二倍体染色体数目进行计数(100 个分类项)，进行遗传稳定性检测，结果表明细胞染色体中二倍体($2n=38$)占约 90.2%(图 16-4)，说明所诱导培养的猪 iPS 细胞遗传性能稳定。

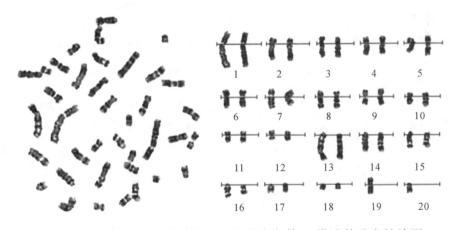

图 16-4　猪神经干细胞诱导 iPS 细胞染色体 G 带遗传稳定性检测

1.5　对获得的猪 iPS 细胞进行表面抗原、标记基因鉴定

对猪 iPS 细胞进行表面抗原及标记基因免疫组化分析显示，Oct4、Nanog、Sox2、SSEA1、SSEA3 和 TRA-80-1 呈阳性染色。如图 16-5 所示，激光共聚焦显微镜视野下的 iPS 细胞表面抗原、基因表达，其中，A、B、C、D 为同一视野，E、F、G、H 为同一视野，I、J、K、L 为同一视野；A、E、I 为组合；B、F、J 为阳性染色；C、G、K 为 DAPI(核染色剂)染色；D、H、L 为对照(黑白视野)。

图 16-5 SSEA1 SSEA3 与 TRA-80-1 在猪 iPS 细胞中表达

图 16-5　SSEA1、SSEA3 与 TRA-80-1 在猪 iPS 细胞中表达

A. SSEA1＋DAPI；B. SSEA1$^+$；C. DAPI；D. 对照；E. SSEA3＋DAPI；F. SSEA3$^+$；

G. DAPI；H. 对照；I. TRA-80-1＋DAPI；J. TRA-80-1$^+$；K. DAPI；L. 对照

（经作者同意，上述实验数据和图片选自徐丽莎硕士毕业论文《猪成纤维细胞系

和神经干细胞系的创建及 iPS 细胞的诱导与生物学特征研究》）

附　　录

附录一　分子生物学常用试剂的配制

一、LB(Luria-Bertani)培养液的配制

配制 1 L B 培养液,应在 950 ml 去离子水中加入:

细菌培养用酵母提取物(bacto-yeast extract)	5 g
细菌培养用胰化蛋白胨(bacto-tryptone)	10 g
NaCl	10 g

摇动容器直至溶质完全溶解,用 5 mol/L NaOH 溶液(约 0.2 ml)调节 pH 值至 7.0,加入去离子水至总体积为 1 L,在 $1.034×10^5$ Pa(151 bf/in²)高压下蒸汽灭菌 20 min。

二、LB 琼脂平板的配制

先按上述配方配制液体培养基,临高压灭菌前加入琼脂糖 15 g/L,同法高压蒸汽灭菌 20 min。从高压灭菌器中取出培养基时,应轻轻旋动以使溶解的琼脂糖能均匀分布于整个培养基溶液中,在培养基降温至 50 ℃时,加入抗生素等不耐热的物质。为避免产生气泡,混匀培养基时应采取旋动的方式,然后可直接从烧瓶中倾出培养基来铺制平板。90 mm直径的培养皿约需 30～50 ml 培养基,培养基完全凝结后,应倒置平皿并储存于 4 ℃备用。

三、琼脂糖凝胶的配制

根据所需凝胶的浓度称取琼脂糖,加入相应电泳缓冲液中,用微波炉加热煮沸至琼脂

糖完全溶解,加入适量 EB 混匀,适当冷却后倾入凝胶铸槽中,插入梳子,凝胶厚度不超过梳孔,如有气泡产生则用玻璃棒驱除;不能过早拔除梳子,应待凝胶完全凝结后才能拔除梳子。

四、P1、P2、P3 的配制

(一)P1 的配制

在 800 ml 去离子水中溶入 Tris 碱 6.06 g,EDTA-Na$_2$·2H$_2$O 3.72 g,用 HCl 溶液调整 pH 值至 8.0,用去离子水调整体积至 1 L,每升 P1 内加入 RNase A 100 mg。

(二)P2 的配制

在 950 ml 去离子水中溶入 NaOH 8.0 g ,20% SDS 50 ml,调整体积至 1 L。

(三)P3 的配制

在 500 ml 去离子水中溶入乙酸钾 294.5 g,用冰醋酸调整 pH 值至 5.5,用去离子水调整体积至 1 L。

五、常用缓冲液

(一)TE

pH 7.4
    10 mmol/L Tris·HCl (pH 7.4)
    1 mmol/L EDTA(pH 8.0)

pH 7.6
    10 mmol/L Tris·HCl (pH 7.6)
    1 mmol/L EDTA(pH 8.0)

pH 8.0
    10 mmol/L Tris·HCl (pH 8.0)
    1 mmol/L EDTA(pH 8.0)

(二)STE 液(也称 TEN)

0.1 mmol/L NaCl
10 mmol/L Tris·HCl (pH 8.0)
1 mmol/L EDTA(pH 8.0)

(三)STE 液(另一种配方)

10 mmol/L Tris · HCl(pH 8.0)

10 mmol/L NaCl

10 mmol/L EDTA(pH 8.0)

(四)STET

0.1 mmol/L NaCl

10 mmol/L Tris · HCl (pH 8.0)

1 mmol/L EDTA(pH 8.0)

5% Triton X-100

(五)TNT

10 mmol/L Tris · HCl(pH 8.0)

150 mmol/L NaCl

0.05% Tween-20

(六)电泳缓冲液

(1)Tris-乙酸(TAE):50×浓储存液

每升中加入:

242 g Tris 碱

57.1 ml 冰醋酸

100 ml 0.5 mmol/L EDTA(pH 8.0)

使用时再稀释 50 倍。

(2)Tris-磷酸(TPE):10×浓储存液

每升中加入:

108 g Tris 碱

15.5 ml 85%磷酸(1.679 g/ml)

40 ml 0.5 mmol/L EDTA(pH 8.0)

使用时再稀释 10 倍。

(3)Tris-硼酸(TBE):5×浓储存液

每升中加入:

54 g Tris 碱

27.5 g 硼酸

20 ml 0.5 mmol/L EDTA(pH 8.0)

使用时再稀释 10 倍。

(4)碱性缓冲液:1×使用液

每升中加入:

5 ml 10 mol/L NaOH

2 ml 0.5 mmol/L EDTA(pH 8.0)

(5)Tris-甘氨酸:5×浓储存液

每升中加入:

15.1 g Tris 碱

94 g 甘氨酸(电泳级)(pH 8.3)

50 ml 10% SDS(电泳级)

2×SDS 凝胶加样缓冲液

100 mmol/L Tris · HCl (pH 6.8)

200 mmol/L 二硫苏糖醇(DTT)

4% SDS(电泳级)

0.2% 溴酚蓝

20% 甘油

(七)30% 丙烯酰胺

将 29 g 丙烯酰胺和 1 g N,N'-亚甲基双丙烯酰胺溶于总体积为 60 ml 的水中,加热至37 ℃溶解,补加水至终体积为 100 ml。用 Nalgene 滤器 (0.45 μm 孔径)过滤除菌,检查该溶液的 pH 值(应不大于7.0)后,置棕色瓶中,保存于室温。

(八)10 mol/L 乙酸铵溶液

把 770 g 乙酸铵溶解于 800 ml 水中,加水定容至 1 L 后过滤除菌。

(九)1 mol/L CaCl₂ 溶液

在 200 ml 纯水中(Milli-Q 水或相当级别的水)溶解 54 g $CaCl_2 \cdot 6H_2O$,用 0.22 μm 滤器过滤除菌,分装成 10 ml 小份,储存于−20 ℃。

(十)2.5 mol/L CaCl₂ 溶液

在 20 ml 蒸馏水中溶解 13.5 g $CaCl_2 \cdot 6H_2O$,用 0.22 μm 滤器过滤除菌,分装成 1 ml 小份,储存于−20 ℃。

(十一)1 mol/L 二硫苏糖醇(DTT)溶液

用 20 ml 0.01 mol/L 乙酸钠溶液(pH 5.2)溶解 3.09 g DTT,过滤除菌后分装成 1 ml 小份,储存于−20 ℃。

(十二)0.5 mol/L EDTA (pH 8.0)溶液

在 800 ml 水中加入 186.1 g 二水乙二胺四乙酸二钠($EDTA\text{-}Na_2 \cdot 2H_2O$),在磁力搅拌器上剧烈搅拌,用 NaOH 调节溶液的 pH 值至 8.0,然后定容至 1 L,分装后高压灭菌备用。

(十三)10 mg/L 溴化乙锭

在 100 ml 水中加入 1 g 溴化乙锭,磁力搅拌数小时以确保其完全溶解,然后用铝箔包裹容器或转移至棕色瓶中,保存于室温。

(十四)1 mol/L $MgCl_2$ 溶液

在 800 ml 水中溶解 203.3 g $MgCl_2 \cdot 6H_2O$,用水定容至 1 L,分装成小份,并高压灭菌备用。

(十五)酚-氯仿

把酚和氯仿等体积混合后用 0.1 mol/L Tris・HCl (pH 7.6)抽提几次以平衡这一混合物,置棕色玻璃瓶中,上面覆盖等体积的 0.01 mol/L Tris・HCl (pH 7.6)液层,保存于 4 ℃。

(十六)磷酸盐缓冲溶液(PBS)

在 800 ml 蒸馏水中溶解 8 g NaCl、0.2 g KCl、1.44 g Na_2HPO_4 和 0.24 g KH_2PO_4,用盐酸来调节溶液的 pH 值至 7.4,加水定容至 1 L,高压蒸汽灭菌 20 min,保存于室温。

(十七)乙酸钾溶液(用于碱裂解)

在 60 ml 5 mol/L 乙酸钾溶液中加入 11.5 ml 冰醋酸和 28.5 ml 水,即成钾浓度为 3 mol/L 而乙酸根浓度为 5 mol/L 的溶液。

(十八)3 mol/L 乙酸钠溶液(pH 5.2 和 7.0)

在 800 ml 水中溶解 408.1 g 三水乙酸钠,用冰醋酸调节 pH 值至 5.2,或用稀乙酸调节 pH 值至 7.0,加水定容至 1 L,分装后高压灭菌。

(十九)1 mol/L Tris 溶液

在 800 ml 水中溶解 121.1 g Tris 碱,加入一定体积的浓盐酸来调节 pH 值至所需值:

pH	浓盐酸
7.4	70 ml
7.6	60 ml
8.0	42 ml

应使溶液冷至室温后方可最后调定 pH 值,加水定容至 1 L,分装后高压灭菌。

(二十)Tris 缓冲盐溶液(TBS)

在 800 ml 蒸馏水中溶解 8 g NaCl、0.2 g KCl 和 3 g Tris 碱,加入 0.015 g 酚红并用盐酸调 pH 值至 7.4,用蒸馏水定容至 1 L,分装后在 1.34×10^5 Pa(151 bf/in^2)高压下蒸汽灭菌 20 min,于室温保存。

(二十一)5 mmol/L NH₄Ac 溶液

称取乙酸铵 192.7 g,加重蒸水 250 ml,混匀,加重蒸水定容至 500 ml,108 kPa(约 1.1 kg/cm^2)灭菌 20 min。

(二十二)10 mg/ml BSA(小牛血清白蛋白)溶液

称取 100 mg 小牛血清白蛋白,溶于 10 ml 灭菌重蒸水中,置于 4 ℃冰箱储存备用。

(二十三)10%十二烷基硫酸钠(SDS)

在 900 ml 水中溶解 100 g 电泳级 SDS,加热至 68 ℃(助溶),加入几滴浓盐酸,调节溶液 pH 值至 7.2,加水定容至 1 L,分装备用。

(二十四)提取 DNA 的溶液配制

(1)蛋白酶 K(20 mg/ml):20 mg 蛋白酶 K 溶于 1 ml 灭菌双蒸水中。

(2)1 mol/L Tris·HCl (pH 8.0):121.4 g Tris 碱溶于 800 ml 灭菌双蒸水中,用浓盐酸溶液调节 pH 值至 8.0,定容至 1 L,高压灭菌。

(3)0.5 mol/L EDTA (pH 8.0):186.1 g EDTA 溶于 800 ml 灭菌双蒸水中,用 NaOH 溶液调节 pH 值至 8.0,定容至 1 L,高压灭菌。

(4)5 mol/L NaCl:58.4 g NaCl 溶于 150 ml 灭菌双蒸水中,加水定容至 200 ml,高压灭菌。

(5)10% SDS:取 100 g SDS,加入 900 ml 灭菌双蒸水中,68 ℃助溶,用浓盐酸溶液调节 pH 值至 7.2,定容至 1 L。

(6)DNA 提取液:50 mmol/L Tris·HCl (pH 8.0),100 mmol/L EDTA (pH 8.0),100 mmol/L NaCl,1% SDS。

(7)3 mol/L NaAc(pH 5.2):408.1 g NaAc·3H$_2$O 溶于 800 ml 灭菌双蒸水中,用冰醋酸调节 pH 值至 5.2,定容至 1 L,高压灭菌。

(8)TE(pH 8.0):10 mmol/L Tris·HCl (pH 8.0),1 mmol/L EDTA (pH 8.0),高压灭菌。

(9)3 mol/L 乙酸钠:称 40.8 g NaAc·3H$_2$O,加 40 ml 去离子水溶解,用冰醋酸调节 pH 值至 5.2,最后定容至 100 ml。

附录二　核酸、蛋白质的各种换算

一、分光光度值与核酸浓度的换算

1 A_{260} unit dsDNA(双链 DNA)＝50 μg/ml
1 A_{260} unit ssDNA(单链 DNA)＝33 μg/ml
1 A_{260} unit ssRNA(单链 RNA)＝40 μg/ml

二、蛋白质分子质量(μg)与物质的量(pmol)的换算

100 pmol 相对分子质量为 100000 的蛋白质分子＝10 μg
100 pmol 相对分子质量为 50000 的蛋白质分子＝5 μg
100 pmol 相对分子质量为 10000 的蛋白质分子＝1 μg
100 pmol 相对分子质量为 1000 的蛋白质分子＝100 ng

三、DNA 分子质量(μg)与物质的量(pmol)的换算

1 μg 的 1000 bp DNA＝1.52 pmol (对于双链 DNA 是 3.03 pmol)
1 μg 的 pBR322 DNA＝0.36 pmol DNA
1 pmol 的 1000 bp DNA＝0.66 μg
1 pmol 的 pBR322 DNA＝2.8 μg

四、蛋白质/DNA 之间的换算

1 kb 的 DNA 可编码 333 个氨基酸＝相对分子质量为 37000 的蛋白质分子

270 bp 的 DNA＝相对分子质量为 10000 的蛋白质分子

810 bp 的 DNA＝相对分子质量为 30000 的蛋白质分子

2.7 kb 的 DNA＝相对分子质量为 100000 的蛋白质分子

五、DNA 分子质量(μg)与物质的量(pmol)的换算公式

(一)对于 dsDNA 分子

(1)将 pmol 转换为 μg：

$$1 \text{ pmol} \times N \times (660 \text{ pg/pmol}) \times (1 \text{ μg}/10^6 \text{ pg}) = 1 \text{ μg}$$

(2)将 μg 转换为 pmol：

$$1 \text{ μg} \times (10^6 \text{ pg/μg}) \times (\text{pmol}/660 \text{ pg}) \times (1/N) = 1 \text{ pmol}$$

其中，N 是核酸碱基对数，660 pg/pmol 是每对碱基的平均相对分子质量(M_w)。

(二)对于 ssDNA 分子

(1)将 pmol 转换为 μg：

$$1 \text{ pmol} \times N \times (330 \text{ pg/pmol}) \times (1 \text{ μg}/10^6 \text{ pg}) = 1 \text{ μg}$$

(2)将 μg 转换为 pmol：

$$1 \text{ μg} \times (10^6 \text{ pg/μg}) \times (\text{pmol}/330 \text{ pg}) \times (1/N) = 1 \text{ pmol}$$

其中，N 是核酸碱基数，330 pg/pmol 是每个碱基的平均相对分子质量(M_w)。